数字身份

在数字空间，如何安全地证明你是你

汪德嘉　宋　超　著

電子工業出版社
Publishing House of Electronics Industry
北京・BEIJING

内 容 简 介

如今，中国已全面进入建设数字经济的新时代，各行各业都在加速步入数字化时代，数字经济需要平衡效率与安全两个要素。数字身份认证与管理及用户隐私保护已经成为数字经济发展不可回避的核心问题之一，认证效率的提高和信任成本的降低也将成为加速社会进步的重大推动力。本书以数字身份和隐私保护的理论、实现、应用及展望为主要内容，全面介绍了新一代去中心化数字身份认证和隐私保护系统的设计理念与具体实现。本书介绍的去中心化数字身份认证和隐私保护方法是兼顾效率与安全的信任机器和数据加工厂，可以在金融、国防、公安、医疗、运输、物联网等诸多领域发挥巨大作用。

本书是一本既包含软件设计开发内容又包含信息安全技术的科技类书籍，适合所有对软件开发、金融科技或网络安全感兴趣的人士阅读。

图书在版编目（CIP）数据

数字身份：在数字空间，如何安全地证明你是你/ 汪德嘉，宋超著. —北京：电子工业出版社，2020.4

ISBN 978-7-121-38396-0

Ⅰ. ①数… Ⅱ. ①汪… ②宋… Ⅲ. ①电子签名技术—研究 Ⅳ. ①TN918.912

中国版本图书馆 CIP 数据核字（2020）第 022114 号

责任编辑：徐蕾薇　　文字编辑：王　群
印　　刷：北京捷迅佳彩印刷有限公司
装　　订：北京捷迅佳彩印刷有限公司
出版发行：电子工业出版社
　　　　　北京市海淀区万寿路 173 信箱　　邮编：100036
开　　本：720×1 000　1/16　印张：13.5　字数：212 千字
版　　次：2020 年 4 月第 1 版
印　　次：2024 年 1 月第 4 次印刷
定　　价：69.00 元

凡所购买电子工业出版社图书有缺损问题，请向购买书店调换。若书店售缺，请与本社发行部联系，联系及邮购电话：（010）88254888，88258888。

质量投诉请发邮件至 zlts@phei.com.cn，盗版侵权举报请发邮件至 dbqq@phei.com.cn。

本书咨询联系方式：wangq@phei.com.cn，910797032（QQ）。

推荐序一

什么是身份？

哲学三大终极问题：我是谁？我从哪里来？我要到哪里去？其中，“我是谁”指的就是身份问题。身份是用来区别“我”和其他主体的标识。世界上没有相同的树叶，每一个“我”均不一样，因此身份也有差异。如何利用身份识别出真实的“我”，成为用身份建立信任的首要步骤。在熟人社会中，以现实的“我”为基础，以“刷脸”行为为例，在某种意义上，脸就是身份。在陌生人社会中，则须依靠一定的技术手段或制度安排来保证人与人之间对身份的认可。

对于纸质身份系统，可以通过反映个人特征的照片、指纹、手印等确认个人身份信息，也可以利用具有公信力（如盖有印章）的书面文件，这类文件通常由有权机关印制（盖章）、发布和管理，较难伪造，其能够解决陌生人相互往来的身份识别问题，构成现代社会稳定运行的基础。近年来出现的“我是我”的证明要求虽然荒谬，但其反映了目前有权部门对身份的增信依然在发挥关键作用。除此之外，通过交叉验证商业银行、保险公司、证券公司、征信机构、学校等部门提供的个人信息，亦可证明身份。

互联网的发展进一步扩展了人们的社交范围，随之出现了网络世界中的虚拟身份。在社交领域中，真实身份或许不那么重要，匿名或假名反而增加了上网冲浪的趣味。正如有人调侃：“你不知道在网上和你聊得津津有味的‘人’，到底是一只狗还是一只猫。”但是，当涉及线上支付、线上交易、线上金融等活动时，事情则变得严肃起来，必须对网络世界中的虚拟身份与现实的真实身份进行映射。一是为了明确线上支付账户资金余额的所有权及交易相关债权债务关系，保护主体财产权利；二是为了落实反洗钱、反恐怖融资的要求，防范和遏制违法犯罪活动。因此，就像银行账户实名制、火车票实名制、证券账户实名制、手机卡实名制一样，网络支付实名制成为非银行支付机构监管的重要内容。根据我国现行规定，第三方支付用户的余额支付限额与账户的实名程度正相关。例如，对于Ⅲ类账户，要求支付机构或委托合作机构以面对面方式进行身份信息核实，或通过至少 5 个合法、安全的外部渠道，以非面对面方式进行身份基本信息多重交叉验证。

区块链被认为是继大型机、个人计算机、互联网、移动互联网之后计算范式的第五次颠覆式创新及下一代云计算的雏形，有望像互联网一样彻底重塑人类社会的活动形态，实现从目前的信息互联网向价值互联网的转变。区块链是新一代金融市场基础设施的技术雏形。应该说，区块链的发展不能停留在“原教旨主义”的“无政府”模式下，必须考虑合法合规方面的要求，否则不仅容易沦为暗网、非法交易网络、洗钱“天堂”，而且难以深入经济社会的方方面面，真正发挥出其应有价值。为此，必须先解决 KYC（Know Your Customer）问题。

在区块链的去中心化环境下，用户的公私钥体系将取代传统互联网的账户体系。用户具有完全的自主性，私钥本地生成，非常隐秘，从中导出公钥，进而得到钱包地址，自己给自己开账户，不需要中介。公私钥成为用户可以自证的身份，我们将其称为“数字身份”。与传统互联网中的虚拟身份一样，数字身份并不是用户的真实身份，其是依赖加密技术的匿名身份。区块链解决了线上的可信问题，但解决不了线下的真实性问题。因此，数字身份的识别与真实身份的认证成为关键命题。或许有以下几种实现路径：一是将数字钱包与运营机构的账户绑定，如“银行账户+数字钱包”，通过银行账户的实名制实现数字身份的实名制；二是在区块链中设置有权机关节点，有权机关直接在区块链上提供数字身份认证服务；三是采用“区块链+监管链”模式，以区块链管理区块链，在监管链中开展数字身份认证，进而服务业务链；四是基于区块链信息共享和安全隐私计算，通过对多源身份信息的交叉验证，实现对真实身份的验证。

身份管理如此重要，以至于世界各国都将其作为最根本的社会治理制度之一。在我国，自殷商以来就有严格的户籍管理制度，其是征兵、赋役、管制的基础。不仅中国有户籍管理，外国也有户籍管理。外国的户籍管理多称为“民事登记”或“生命登记”、“人事登记”，叫法不一，但与我国的户籍管理大同小异。如果说现实生活中的身份管理依托于人口登记，那么数字世界中的数字身份又该如何展开、如何维护、如何管控呢？目前的公私钥体系在大规模的商业应用环境下还有哪些需要改进的地方呢？

总体来看，关于数字身份的研究和实践才刚刚开始，需要探讨的问题很多，包括数字身份的真实性问题、数字身份的隐私问题、数字身份的安全问题及相应的密码学应对方案等。

本书以数字身份认证和隐私保护技术为主要内容，全面介绍了新一代去中心化数字身份认证和隐私保护系统的设计理念与实现思路，基于区块链，深入研究了身份认证与隐私保护问题；同时，对如何进行行业应用进行了系统的阐述，提出了切实有效的落地思路，并介绍了多个行业的成功案例。鉴于本书的理论性和实用性，希望其可以对信息安全、金融科技、监管科技的从业者和研究人员有所帮助。

是为序。

姚　前
中国证监会科技监管局局长
中国证券登记结算有限责任公司原总经理
中国人民银行数字货币研究所原所长
2020 年 4 月 5 日

推荐序二

当前，以 A（AI）、B（Blockchain）、C（Cloud Computing）、D（Big Data）为核心的金融科技（Fintech）发展迅速。汪博士是我在中国科学技术大学数学系任教时的学生，其创立的江苏通付盾科技有限公司是我国金融科技产业中具有代表性的企业之一，我非常高兴能看到他在国外学习工作多年后选择归国，为我国的金融科技产业发展贡献力量。

其实，Fintech 并不能算是近年来才出现的新名词，其已经经历了数十年的发展。第一阶段是 19 世纪 60 年代—1978 年，在该阶段，各银行逐步建立以 IT 技术、ATM 机为标志的核心系统，信息可以通过太平洋海底电缆，在很短的时间内传递到大洋彼岸；第二阶段是 1978 年—2008 年，数字化和全球化在这个阶段惠及全球，改革开放也从中受益；第三阶段是 2008 年至今，美国金融危机给世界经济带来的影响至今犹在，Fintech 在这个过程中为复杂金融问题提供了解决方案，在该阶段诞生了很多初创公司，在我国的表现形式是“双创”，在国际上最重要的两个创意就是 PayPal 和比特币，PayPal 改变了支付的面貌，而比特币的背后是区块链技术。对于 Fintech 发展的三个阶段，第一阶段表现为小企业创新的颠覆、搅局，第二阶段表现为竞争，第三阶段表现为合作共建新生态。目前，主要有三方大的力量介入 Fintech，通过数字化方式实现转型升级，分别是国内以“BATJ”为首的大型互联网公司、美国亚马逊等境外大型互联网公司、传统大银行。三方均依托自身优势向 Fintech 领域持续渗透，我国的 Fintech 进入“春秋战国”时期，各方力量持续竞争、合作、融合。

Fintech 的发展离不开安全，监管与创新本就是一体两面的关系，大力发展监管科技能够有力地保障 Fintech 的安全稳定发展，KYC 和隐私保护就是其中不可或缺的关键组成部分。本书以数字身份认证和隐私保护的理论研究与技术实现为主要内容，去中心化数字身份认证和隐私保护系统以密码学算法与分布式加密账本技术为基础；通过智能的多因子身份认证技术和数字化身份网络的构建，提供更加安全的数据分享方式，打破数据孤岛。本书中的思想和实践经验对我国金融科技的发展具有很重要的参考、指导意义，向大家推荐本书。

方兆本
中国科学技术大学统计金融系教授、博士生导师
全国政协原常委、安徽省政协原副主席
2020 年 4 月 6 日

前言

2017 年 10 月，我们本着普及数字身份认证和数据隐私保护技术的初心，出版了国内第一部数字身份书籍《身份危机》，从黑产战争、身份简史、未来身份三个方面，分析了在移动互联网时代身份认证面临的挑战与需求，并讨论了区块链、人工智能、量子计算、物联网等技术的发展给数字身份认证和数据隐私保护带来的革命性变化，提出了构建数字空间“身份网络”的设想。

如今，中国已全面进入建设数字经济的新时代，区块链、人工智能、量子计算等技术高速发展并以超出预期的速度快速落地，金融零售转型、供给侧结构性改革、产业互联网等发展迅速，各行各业都在大踏步地加速步入数字化时代。数字身份认证技术的进化和隐私保护的强烈需求也随之到来，数字身份认证与管理及用户隐私保护已成为数字经济发展不可回避的核心问题之一。如《身份危机》提到的：“数字空间中的身份认证与管理的核心是识别与信任，识别效率的提高和信任成本的降低将是加速社会进步的重大推动力。”而本书介绍的去中心化数字身份认证和隐私保护方法就是兼顾效率与安全的信任机器和数据加工厂，在各行各业中的应用也将越来越多，数字身份认证和隐私保护已走到产业发展的第一线。

去中心化数字身份是由加密算法和分布式加密账本技术保障的数字身份，用户自己控制私钥，自行选择如何存储和使用自己的数据。在中心化数字身份体系中，用户只拥有账号的接入权，登录实际上是服务商检查用户是否具有账号访问权限的过程；而在去中心化数字身份体系中，不需要登录密码，用户通过保管私钥管理自己的身份和相关的操作，用户对自己数字资产的控制权和支配权极大增强，用户隐私得到更完善的保护。智能的多因子身份认证方式和身份网络的构建，可以打通线下与线上、真实世界与数字世界，减少数据大量增长带来的“噪声”，提供安全有效的数据分享模式，打破数据孤岛。

此外，在享受大数据带来的便捷服务的同时，广大网民的个人数据隐私保护意识正在觉醒。从数据的角度来看，互联网的繁荣是由数据的大量积累造成的，而这些数据来自每个用户，数据本身就是资产，用户应该享有自己数据的所有权、使用权和经营权。要将数据主权还给用户，我们就需要解决数据保护和数据利用之间的矛盾与冲突。同态加密、零知识证明、安全多方计算、代理重加密、环签名等加密算法与分布式加密账本技术的融合发展提供了解决这类问题的方法。

我们相信，去中心化数字身份认证和隐私保护技术将可以在金融、国防、公安、医疗、运输、物联网等诸多领域发挥巨大作用。

本书是通付盾“数字身份系列”的第二本书，希望对大家有益处，希望大家喜欢本书！

汪德嘉

2020 年 1 月 10 日 于北京

目录

第1章 去中心化数字身份认证技术

安全可信的数字身份技术本质上是一种归还用户数据身份主权的去中心化数字身份认证体系和一种保护用户隐私的数据使用方法。在此系统的研究和开发过程中，一些非常重要的理论和技术共同构成了系统的安全基础和应用基础。例如，区块链、去中心化身份标识（Decentralized Identifiers，DIDs）、Decentralized PKI和可验证声明（Verifiable Claims）的结合和运用，构建了去中心化可信数字身份的基础；同态加密、零知识证明、安全多方计算、代理重加密、环签名等的运用，则构建了隐私保护的理论基础。本章对数字身份的相关理论与技术进行描述和说明。

1.1 PKI体系

PKI是一种基于公钥加密技术，为在线业务的安全通信和身份认证提供支持的安全基础设施。当前，众多银行、政府机构、企业都采用基于PKI的技术体系来解决信息加密和身份认证的安全问题。PKI体系的核心是加密算法，这些算法包括国密算法（如SM2、SM3、SM4等）、AES、RSA、3DES、DSS、Diffie-Hellman、

ElliPticCurve、lDEA、SHA-1、MD5 和 ECC 椭圆曲线算法等。其身份安全的实现逻辑包含两部分：一是存在一个绝对安全可信的第三方证书颁发与管理机构（CA），CA 能为用户颁发带有 CA 签名的数字证书，其他人可通过验证数字证书中 CA 提供的数字签名检验证书的真伪；二是 CA 为用户颁发的数字证书中包含用户的真实身份信息与用户的公钥，用户可通过向其他人提供数字证书证明自己的身份。然而这套基于 PKI 的数字证书管理体系存在以下缺陷：

（1）严重依赖绝对安全可信的第三方（CA）；

（2）数字证书存在被破解与伪造的可能；

（3）数字证书不能被及时吊销。

1.2 去中心化身份标识

去中心化身份标识（Decentralized Identifiers，DIDs）是一种新型的可验证的“自我主权式”的身份标识符，该标识符在全球范围内是唯一的，一个去中心化唯一身份标识（Decentralized Identifier，DID）通常和加密相关的内容（如公钥、服务端点）关联，以建立安全的通信通道。它能够被完全掌控在 DID 拥有者手上，独立于任何中心化的注册机构、身份提供者或者证书颁发机构。其对于那些需要进行自我管理、可以用密码验证的身份（如个人标识符、组织标识符）及物联网场景都非常有用。目前 W3C 正在进行 DIDs 的标准化工作。

从表面看，DID 只是一种新型的全局唯一标识符。但是从更深层次来讲，DID 是去中心化数字身份和公钥基础设施（PKI）全新层的核心组件，这是一种去中心化公钥基础设施（DPKI）。

1.2.1 去中心化身份标识的格式规范

2016 年，Christopher Allen 建议 DID 的基本格式可以遵循 URN 格式规范，以适用于多个区块链，DID 格式规范的开发人员采纳了这个建议。

URN 格式规范如图 1-2-1 所示。

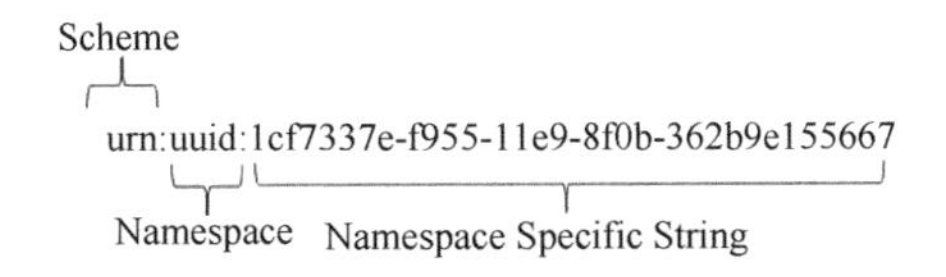

图 1-2-1　URN 格式规范

DID 和 URN 的关键区别在于，在 DID 格式中，URN 的命名空间（Namespace）部分改为 DID 方法（DID Method），用来标记特定的 DID 方法。DID 格式规范如图 1-2-2 所示。

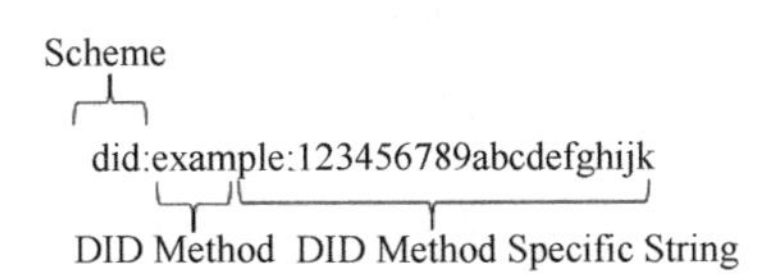

图 1-2-2　DID 格式规范

注意：DID 方法（DID Method，将在下文进一步解释）指定了 DID 如何与特定的区块链进行交互，DID 格式规范必须定义特定标识符的格式和生成方式；并且 DID 中的身份标识字符串（见图 1-2-2 中的 DID Method Specific String）必须是唯一的。

1.2.2　去中心化身份标识的文档规范

可以将 DID 基础设施看作一个全球化的 Key-Value 数据库，这个数据库可以是一个兼容所有 DID 的区块链、分布式账本或去中心化网络。在这个虚拟的数据库中，Key 是 DID，Value 是 DID 文档。DID 文档用来描述与身份实体进行密码可验证交互所需要的公钥、身份验证协议、服务端点等。

DID 文档是一个有效的 JSON-LD 对象，使用了 DID 格式规范中定义的 DID 上下文（DID Context，属性名的 RDF 词汇表），它包括以下六个组件（都是可选的）：

（1）DID 本身，所以 DID 文档是完全自描述的。

（2）一组加密相关信息，如公钥可以用来进行身份验证或与 DID 实体进行交互。

（3）一组加密协议（用于与 DID 实体进行交互的加密协议），如身份验证和功能委托。

（4）一组服务端点，描述了在哪里及如何与 DID 实体进行交互。

（5）审核时间戳。

（6）JSON-LD 签名，在需要验证 DID 文档的完整性时可以使用。

1.2.3 去中心化身份标识的方法规范

DID 和 DID 文档可以适用于任何能够将唯一的密钥对应解析出一个唯一值的区块链、分布式账本或其他去中心化网络。而 DID 方法的作用就是定义如何在特定的区块链或“目标系统”上创建、解析与管理 DID 和 DID 文档。DID 方法规范至少需要为指定目标系统定义以下操作。

（1）创建。一些 DID 方法可能直接通过密钥对来生成 DID，而其他一些 DID 方法可能通过区块链上的交易或智能合约的地址来生成 DID。

（2）读取。DID 读取有三种方式，一是将 DID 文档直接存储在区块链上；二是通过 DID 解析器，根据区块链记录中的属性来动态构建 DID 文档；三是在区块链上存储指向 DID 文档的指针，而对应的 DID 文档存储在 IPFS 或 STORJ 等其他去中心化存储网络中。

（3）更新。从安全的角度来看，更新操作是最关键的，因为对 DID 文档的控制代表了对认证身份实体所必需的公钥或证明的控制。而对 DID 文档更新权限的验证只能在目标区块链中执行，因此 DID 方法规范必须准确定义如何对一切更新操作进行身份验证和授权。

（4）删除。区块链上的 DID 实体是不可篡改的，因此从传统的数据库意义上讲，它们永远都无法被“删除”。但是，可以从密码学意义上吊销它们。DID 方法规范必须定义什么情况代表 DID 实体被吊销了，如将 DID 文档置空可以代表其被吊销。

所有已知的 DID 方法规范列表可参考“https://w3c-ccg.github.io/did-method-registry/”。

1.2.4　去中心化身份标识的隐私设计

隐私是所有身份管理解决方案的重要组成部分，对使用公有链的全球身份系统而言，这一点尤为重要。而 DID 体系结构在底层进行了隐私设计，通过以下方法进行部署，可以实现强大的隐私保护技术。

（1）成对的匿名 DID。尽管 DID 可以作为公开的公共标识符，也可以作为基于一对关系发布的私有标识符。一个身份实体可以拥有成千上万个成对的 DID，这些 DID 没有身份实体的同意无法被关联起来，但是可以像通讯录一样轻松地被管理。

（2）链下私有数据。在公有链上存储任何隐私信息（哪怕是哈希值）都是非常危险的，原因有两点。首先，在与多方共享数据时，加密数据或哈希数据就成为全局的关联点；其次，如果最终加密算法被破解了（如量子计算），那么隐私数据就会被永远公开存储在不可篡改的公有链中。因此，最好的方式是进行私有数据链下存储，并通过点对点的方式进行加密传输。

（3）选择性披露。DID 使去中心化 PKI（DPKI）成为可能，这使得个人能够通过以下两种方式更好地管理个人数据。首先，这可以让数据通过加密数字凭证的方式进行共享；其次，这些凭证可以通过零知识证明来最小化暴露信息。例如，你可以证明自己已经超过一定年龄，而无须透漏确切的出生日期。

1.3　去中心化 PKI 体系

去中心化公钥基础设施（Decentralized Public Key Infrastructure，DPKI）是一种更好的 PKI 系统的替代方案。1990 年左右，菲利普 • 季默曼（Phil Zimmermann）编写了一个密码软件——Pretty Good Privacy（很好的隐私），这是一个去中心化的信任系统，当时区块链还没有出现，建立各方之间的信任关系还存在问题。如今，随着区块链的出现，出现了不需要可信第三方的全新身份认证体系——DPKI。

2015 年，Allen 等人在一份题为 *Decentralized Public Key Infrastructure* 的文章中探讨了这一问题，他们认为，与传统方法不同，DPKI 确保没有任何一个第三方可以损害整个系统的完整性和安全性。在 DPKI 系统中，新的可信第三方变成了矿工或验证者。

DPKI 体系结合了区块链技术公开、去中心化、可追溯等优点，弥补了传统数字证书管理体系的安全缺陷，为数字世界中个人与组织的身份安全问题提供了一套全新的解决方案。

DPKI 系统基于区块链进行设计与构建，提供一个去中心化的用来注册和发现公钥的技术实现。

举例来说，如图 1-3-1 所示，Alice 在区块高度为 98 时，在区块链上注册了一个 DID，随即将这个 DID 告知了 Bob，Bob 在区块高度为 100（也可以是大于 98 的任意区块高度）时，在区块链上查询到了这个 DID，并获取到了 Alice 公开的公钥（Public Key）。其中，Alice 的 DID 注册过程由自己独立完成，没有依赖 CA 的颁发。在和 Bob 的通信过程中，Alice 将 DID 给了 Bob，Bob 根据 DID 在区块链上查询到了 Alice 的公钥。在此过程中，Bob 只和区块链进行了通信，就得到了 Alice 的公钥，没有依赖 CA 校验公钥的合法性。

DPKI 弥补了 PKI 体系的缺陷，主要体现在以下几点。

（1）用户可以自己在区块链上注册和吊销身份标识符，身份标识符的控制权回到了用户手中，弥补了 PKI 体系依赖 CA 集中化管理的缺陷。

（2）基于区块链的公开、不可篡改等特性，其他人可快速、准确地查找到用户的公钥，验证用户的身份，弥补了 PKI 体系需要依赖 CA 机构辅助验证用户公钥合法性的缺陷。

（3）在基于区块链的 DPKI 体系中，证书的吊销、修改变得非常快捷，避免了证书吊销、修改不及时而引起的安全性问题。

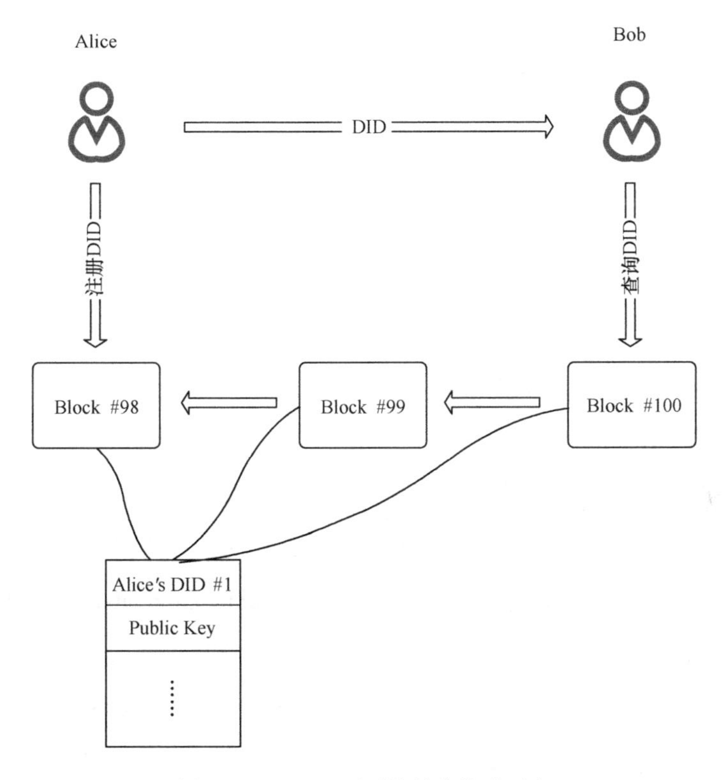

图 1-3-1　DPKI 子系统基本构成示意

1.4　可验证凭证

1.3 节介绍的去中心化标识符 DIDs 只是 DPKI 的基础层，而更高层（可释放大部分价值）是可验证声明（Verifiable Claims）。DID 可用于识别可验证声明生态系统中的各种实体，如发行者、持有者、实体和验证者。DID 也可以作为人员、设备和组织的标识符。

凭证（Credentials）是我们生活中的一部分，例如，驾驶证用来证明我们有能力驾驶机动车，毕业证用来证明我们的受教育程度，政府颁发的护照让我们可以到不同国家旅行。

2017 年 8 月 3 日，可验证声明工作组（Verifiable Claims Working Group）发布可验证声明数据模型和表示（Verifiable Claims Data Model and Representations）标

准的首份公开工作草案。该草案提供了一种机制，以一种加密安全、尊重隐私和机器可验证的方式在网络上表达这类凭证。

在物理世界中，凭证可能包含以下几项：

（1）证书实体的相关信息（如照片、姓名、身份证号码）；

（2）发行者（发行凭证方）的信息（如市政府、国家机构或认证机构）；

（3）由证书机构声明的关于实体的特定属性或与属性相关的信息（如国籍、出生日期、有权驾驶的车辆类别）；

（4）用来证明凭证来源的信息；

（5）与凭证相关的约束信息（如到期时间或使用条款）。

而数字化身份可验证凭证（下文简称“可验证凭证”）代表所有实体证书可以提供的所有信息，并且数字化可验证凭证（Verifiable Credentials）增加了数字签名等技术，使数字化可验证凭证比实体证书拥有更好的安全性，更加可信。数字化可验证凭证的持有者能够生成表达，然后将这些表达分享给验证者，以证明他们具有某些特性。数字化可验证凭证和可验证表达都能很快地被传播，在尝试建立远距离信任时，这比实体凭证更方便。具体的流程将在后续章节详细介绍。

1.4.1 可验证凭证的系统构成

本节描述了在可验证凭证数字化生态系统中，核心参与者的角色及核心参与者之间的关系。核心参与者的角色是一种抽象概念，可以通过不同的方式来实现。本节主要介绍以下几个角色。

（1）持有者（Holder）：拥有一个或多个可验证凭证，并且能够通过可验证凭证产生可验证表达（Presentation）的实体，如学生、雇员、顾客。

（2）发行者（Issuer）：能够为一个或多个主体提供声明，并可以通过这些声明来创建可验证凭证，并将其发送给持有者的实体角色，如公司、非营利组织、行业协会、政府和个人。

（3）主体（Subject）：主体是创建声明的实体，可包含人类、动物和事物。在很多情况下，一个可验证凭证的持有者就是主体，但在某些情况下并非如此，如父母（持有者）可能持有孩子（主体）的可验证凭证，宠物主人（持有者）可能拥有他们宠物（主体）的可验证凭证。

（4）验证者（Verifier）：通过请求或接受一个或多个可验证表达来执行的实体角色，可包括雇主、安保人员和网站。

（5）可验证数据注册中心（Verifiable Data Registry）：一个进行标识符、密钥和其他相关数据（如可验证凭证纲目、注册吊销处、发行者、公钥等）的创建和验证的系统角色，在使用可验证凭证的时候需要用到，其中，可验证数据注册中心的某些配置需要与主体的标识符关联。可验证数据注册中心包括可信数据库、去中心化数据库、政府 ID 数据库和分布式账本。通常一个生态系统中会使用多种可验证数据注册中心。

可验证凭证生态系统的角色和信息流如图 1-4-1 所示。

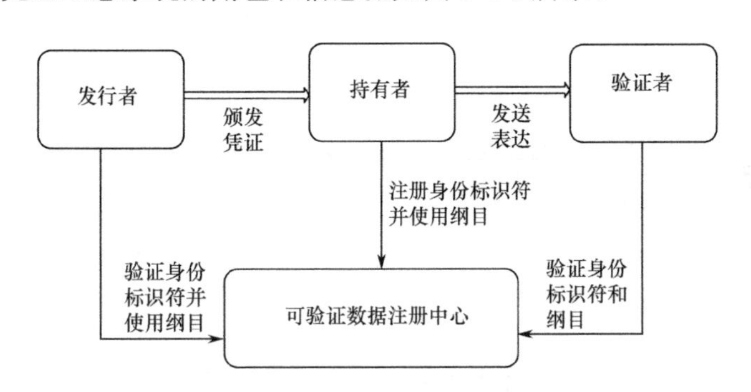

图 1-4-1　可验证凭证生态系统的角色和信息流

由图 1-4-1 可知，可验证凭证生态系统的工作流程如下。

（1）发行者生成凭证并将其颁发给持有者。

（2）持有者在获得凭证后，将其存储于本地，在需要的时候，可以根据一个或多个凭证生成一个表达（Presentation），并发送给验证者进行验证。

（3）验证者在接收到自己需要的表达后，对其进行验证。

在整个过程中，发行者、持有者、验证者都需要和可验证数据注册中心进行交互，注册和验证身份标识符及纲目。

1.4.2 可验证凭证的关键用例

可验证凭证用例描述了一系列关键主题，并包含一些特定场景的实现设计，场景如下。

（1）可验证凭证代表发行者以一种防篡改和隐私保护的方式进行陈述；

（2）持有者将来自不同发行者的可验证凭证集合组合成单个可验证表达；

（3）发行者可以发布任何有关主体的可验证凭证；

（4）发行者、持有者或验证者既不需要注册也不需要任何机构的批准；

（5）可验证表达允许任何验证者验证来自任何发行者的凭证的真实性；

（6）持有者可以从任何人那里获得可验证凭证；

（7）持有者可以通过任意用户代理与任意发行者和任意验证者进行交互；

（8）持有者可以共享可验证表达，并且可以在不向发行者透露验证者身份的情况下对其进行验证；

（9）持有者可以在任何地点存储可验证凭证，而不会影响其可验证性；

（10）持有者可以向任何验证者提供可验证表达，而不会影响声明的真实性，也不会向发行者透露该行为；

（11）验证者可以验证任何持有者的可验证表达，其中包含任何发行者的声明证明；

（12）验证不应取决于发行者和验证者之间的直接互动；

（13）在验证时，不应向任何发行者透露验证者的身份；

（14）可验证凭证实现规范必须为发行者提供一种手段，以发布支持选择性披露的可验证凭证，但不要求所有符合要求的软件都具备该功能；

（15）发行者可以发布支持选择性披露的可验证凭证；

（16）如果单个可验证声明支持选择性披露，则持有者可以在不泄露整个可验证声明的情况下提供声明证明；

（17）表达可以公开凭证的属性，或者满足验证者的请求条件，如布尔条件或大于、小于、等于、在集合中等；

（18）发行者可以发布可吊销的可验证凭证；

（19）可验证声明和可验证表达必须能够以一种或多种可互操作的机器可读数据格式进行序列化；

（20）数据模型和序列化必须以最小的协调进行扩展；

（21）发行者在吊销可验证凭证时，不应泄露特定主体、持有人和可验证凭证或验证者的任何识别信息；

（22）发行者可以披露吊销原因；

（23）吊销可验证凭证的发布者应区分加密完整性的吊销（如签名密钥被泄露）与状态更改的吊销（如驱动程序的许可证被暂停）；

（24）发行者可以提供更新可验证凭证的服务。

1.4.3　可验证凭证的数据模型

下文概述了可验证凭证的数据模型概念，如声明（Claim）、凭证（Credential）、表达（Presentation）等。

1. 声明

声明是关于主体的说明，而主体是能够生成声明的实体。声明可以表述为主体—属性—值的关系，如图 1-4-2 所示。

声明的数据模型非常强大，可以用于表达各种各样的声明。例如，图 1-4-3 表达了一个声明：Pat 毕业于清华大学。

另外，独立的声明可以合并在一起以表达一个与主体有关的信息图。如图 1-4-4 所示，通过增加声明“Pat 认识 Sam，Sam 在清华大学任职”，扩展了图 1-4-3 中的声明。

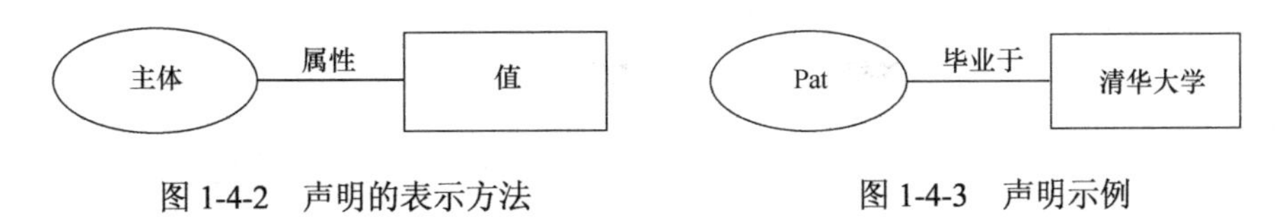

图 1-4-2　声明的表示方法　　　图 1-4-3　声明示例

但是，值得注意的是，声明仅仅是一个说明，不能直接进行验证，为了信任声明，我们还需要更多的信息。

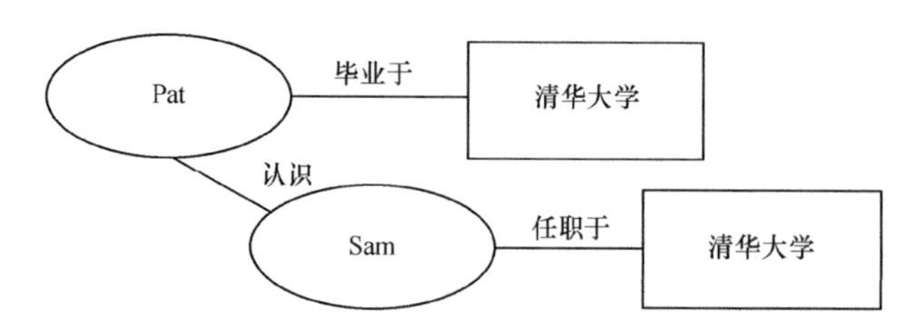

图 1-4-4 由多个声明组成的信息图

2. 凭证

凭证是为一个实体颁发的一个或多个声明的集合。凭证可能包含一个标识符及用于描述证书属性的元数据。可验证凭证是一组防篡改的声明和元数据，以加密方式证明谁颁发了它。可验证凭证的基本组件如图 1-4-5 所示。

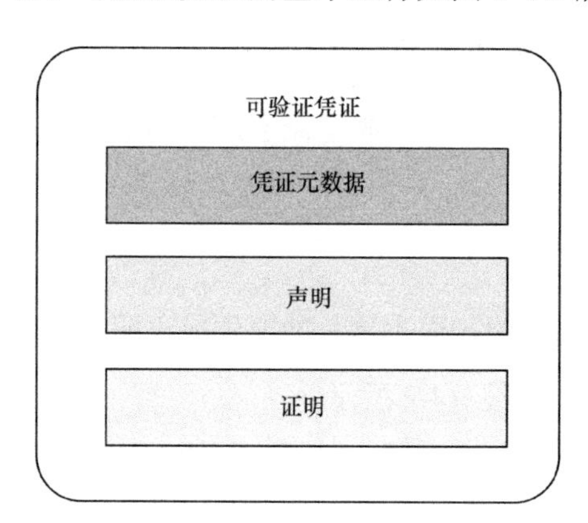

图 1-4-5 可验证凭证的基本组件

由图 1-4-5 可知，一个可验证凭证主要包含如下三部分。

（1）凭证元数据：包含发行者、颁发日期、代表性图像、用于验证的公钥、吊销机制等。凭证元数据一般由发行者签名。

（2）声明：一个或多个关于主体的说明。

（3）证明：通常包含数字签名，用来保证证书可验证。证明能够检测证书是否被篡改，以及验证证书的发行者。

可验证凭证的实例有数字员工身份证、数字出生证和数字教育证书。

需要注意的是，证书 ID 通常用于标记证书的特定实体，这些 ID 可以进行关联，若持有者希望减少关联，可以采取选择性展示属性的方式，即不展示证书 ID。

图 1-4-6 对可验证凭证进行了更完整的描述。由图 1-4-6 可知，凭证通常由凭证图和证明图组成。

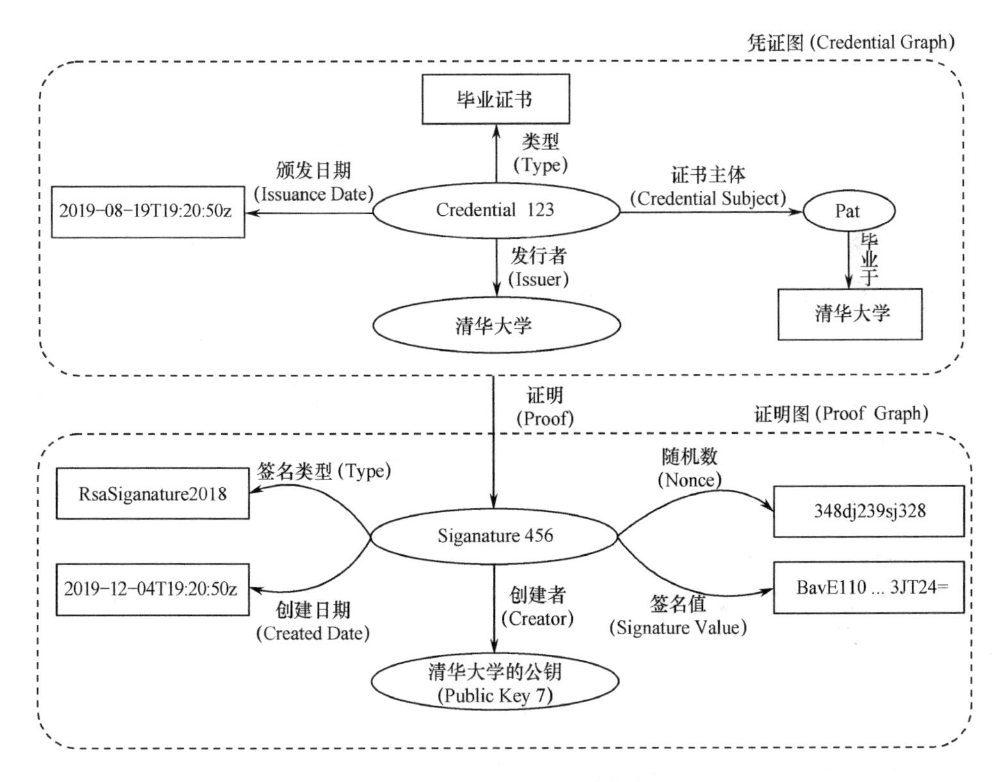

图 1-4-6　可验证凭证相关信息图

凭证图包含以下几部分。

（1）证书 ID：图中 Credential 123 代表证书 ID；

（2）凭证元数据：包含发行者、颁发日期、类型；

（3）证书主体：包含主体的声明（Pat 毕业于清华大学）。

证明图主要包含数字证明，数字证明通常使用数字签名实现，如图 1-4-6 中的 Signature 456，可以包含以下几部分。

（1）发行者的公钥；

（2）创建日期；

（3）签名类型；

（4）递增的数值（随机数）；

（5）签名值。

3．表达

增强隐私是可验证凭证的关键设计特征。因此，其能够允许实体在特定场景下，仅提供验证所必需的部分特定信息，这是非常重要的。使仅展示主体部分信息成为可能的表达称为可验证表达（Verifiable Presentation）。一个主体，可以拥有多个不同的角色（如一个人的工作角色、在线游戏角色、家庭角色或匿名角色），这些角色都可以用相应的可验证凭证来证明。凭证的持有者将用于证明这些不同角色的可验证凭证以可验证的形式打包，成为可验证表达。若直接提供一个可验证凭证，这个可验证凭证也将以表达的方式提供。一个表达中的数据通常是关于相同主体的，但可能由多个发行者颁发，这些信息结合起来可用来表示个人、组织或实体的一个方面。

可验证表达包含两种类型。

（1）直接引用可验证凭证：持有者直接引用可验证凭证（一个或多个）生成可验证表达，发送给验证者进行验证。

（2）不直接使用可验证凭证：通过密码学方法（如零知识证明）使持有者可以间接证明自己拥有凭证，但是不直接展示凭证的可验证表达。

可验证表达的基本组件如图 1-4-7 所示。

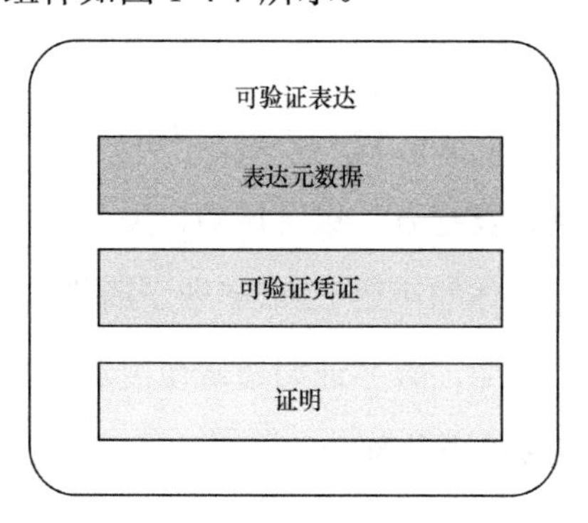

图 1-4-7 可验证表达的基本组件

图 1-4-8 给出了可验证表达更完整的描述，其通常至少由以下四个信息图组成。

（1）表达元数据：如类型、使用条款等。

（2）可验证凭证：包含凭证元数据和声明。

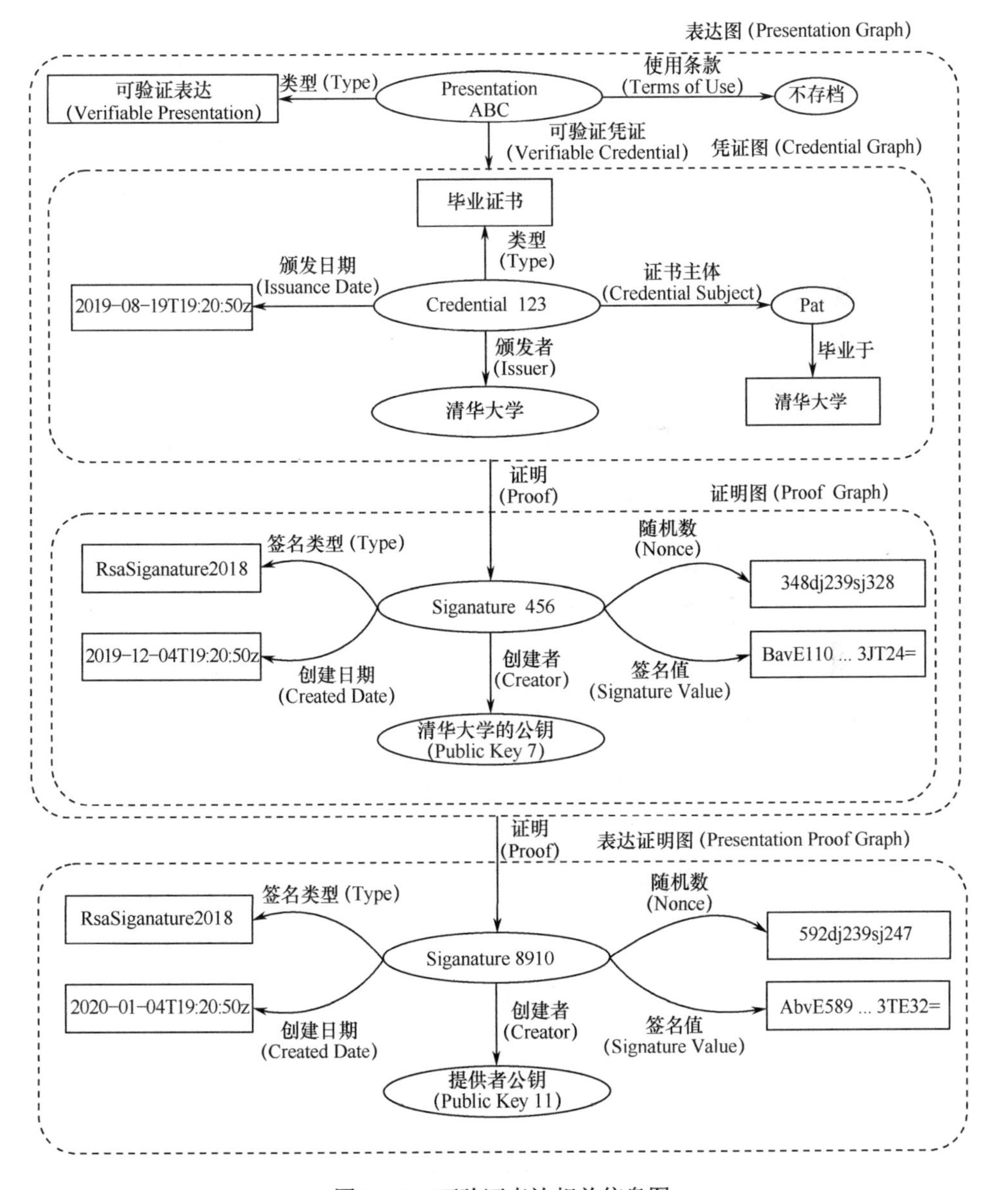

图 1-4-8　可验证表达相关信息图

（3）可验证凭证的证明：用于使凭证可验证的证明，通常是数字签名，用来保证证书可验证。

（4）表达证明图：通常是数字签名，用来保证凭证可验证。和可验证凭证的证明一样，包含发行者的公钥、颁发日期、签名类型、递增的数值（随机数）和签名值。

需要注意的是，有些表达（如商业角色）可以使用不同主体的多个凭证，这些主体通常是相关的，但不是必须相关的。

1.4.4 可验证凭证的生命周期

在 1.4.3 节中，我们介绍了声明、凭证和表达的概念。本节提供了一组简单但具体、完整的数据模型生命周期案例，这些案例用可验证凭证规范支持的一种具体语法来表示。在可验证凭证生态系统中，凭证和表达的生命周期通常如下。

（1）发行者颁发一个或多个可验证凭证。

（2）持有者在证书存储库（如数字钱包）中存储可验证凭证。

（3）持有者将可验证凭证组成可验证表达，发送给验证者。

（4）验证者验证可验证表达。

我们通过演示使用毕业证享受校友折扣实例来说明上述生命周期。在下面的实例中，Pat 从大学获得校友证书，并将该证书存储在自己的数字钱包中。

```
{
  // 设置 context,用于定义我们需要使用的特殊术语，如`issuer`(发行者),
  //`alumiOf`(毕业于)
  "@context": [
    "https://www.w3.org/2018/credentials/v1",
    "https://www.w3.org/2018/credentials/examples/v1"
  ],
  // 定义证书的 ID(标识符)
  "id": "http://example.edu/credentials/1872",
  //定义证书的类型，用来声明证书应该包含哪些内容
  "type": ["VerifiableCredential", "AlumniCredential"],
```

```
    // 颁发这个证书的实体
    "issuer": "https://example.edu/issuers/565049",
    // 证书是什么时候被颁发的
    "issuanceDate": "2010-01-01T19:73:24Z",
    // 关于证书主体的声明
    "credentialSubject": {
      // 证书主体的 ID
      "id": "did:example:ebfeb1f712ebc6f1c276e12ec21",
      // 关于证书主体的断言
      "alumniOf": "<span lang='en'>Example University</span>"
    },
    // 用来保证证书不被篡改的数字证明
    "proof": {
      //用来产生签名的加密算法套件
      "type": "RsaSignature2018",
      //签名产生的时间
      "created": "2017-06-18T21:19:10Z",
      // 生成这个签名的公钥标识符
      "creator": "https://example.edu/issuers/keys/1",
      // 数字签名值
      "jws": "eyJhbGciOiJSUzI1NiIsImI2NCI6ZmFsc2UsImNyaXQiOlsiYj
Y0Il19..TCYt5X  sITJX1CxPCT8yAV-TVkIEq_PbChOMqsLfRoPsnsgw5WEuts01mq-
pQy7UJiN5mgRxD-WUc X16dUEMGlv50aqzpqh4Qktb3rk-BuQy72IFLOqV0G_zS245-kron
Kb78cPN25DGlcTwLtjPAYuNzVBAh4vGHSrQyHUdBBPM"
    }
  }
```

验证者（售票系统）指出，该大学的任何校友都能获得体育赛事季票的折扣。Pat 为了获得折扣，需要提供校友凭证，操作流程如下。

Pat 使用移动设备购买季票。在购票过程中，请求校友凭证这个步骤的请求被路由至 Pat 的数字钱包。数字钱包询问 Pat 是否愿意提供相应的可验证凭证（校友凭证）。Pat 选择校友凭证，然后将其组合成可验证表达，再将可验证表达发送给验证者，验证者进行验证。

```
{
  "@context": [
    "https://www.w3.org/2018/credentials/v1",
    "https://www.w3.org/2018/credentials/examples/v1"
  ],
  "type": "VerifiablePresentation",
  //可验证声明
  "verifiableCredential": [{
    "id": "http://example.edu/credentials/1872",
    "type": ["VerifiableCredential", "AlumniCredential"],
    "issuer": "https://example.edu/issuers/565049",
    "issuanceDate": "2010-01-01T19:73:24Z",
    "credentialSubject": {
      "id": "did:example:ebfeb1f712ebc6f1c276e12ec21",
      "alumniOf": "<span lang='en'>Example University</span>"
    },
    "proof": {
      "type": "RsaSignature2018",
      "created": "2017-06-18T21:19:10Z",
      "creator": "https://example.edu/issuers/keys/1",
      "jws": "eyJhbGciOiJSUzI1NiIsImI2NCI6ZmFsc2UsImNyaXQiOlsi
YjY0Il19..TCYt5XsITJX1CxPCT8yAV-TVkIEq_PbChOMqsLfRoPsnsgw5WEuts01mq-
pQy7UJiN5mgRxD-WUcX16dUEMGlv50aqzpqh4Qktb3rk-BuQy72IFLOqV0G_zS245-kr
onKb78cPN25DGlcTwLtjPAYuNzVBAh4vGHSrQyHUdBBPM"
    }
  }],
  //Pat在表达中创建的数字签名，用来建立信任和防止重放攻击
  "proof": {
    "type": "RsaSignature2018",
    "created": "2018-09-14T21:19:10Z",
    "creator": "did:example:ebfeb1f712ebc6f1c276e12ec21#keys-1",
    // 'nonce' and 'domain' 用来防止重放攻击
    "nonce": "1f44d55f-f161-4938-a659-f8026467f126",
```

```
        "domain": "4jt78h47fh47",
        "jws":  "eyJhbGciOiJSUzI1NiIsImI2NCI6ZmFsc2UsImNyaXQiOlsiY
jY0Il19..kTCYt5    XsITJX1CxPCT8yAV-TVIw5WEuts01mq-pQy7UJiN5mgREEMGlv
50aqzpqh4Qq_PbChOMqsLfRoPsnsgxD-WUcX16dUOqV0G_zS245-kronKb78cPktb3rk
-BuQy72IFLN25DYuNzVBAh4vGHSrQyHUGlcTwLtjPAnKb78"
      }}
```


1.5　Sidetree 协议

1.5.1　Sidetree 协议概述

2017 年，去中心化身份组织（DIF）的一些成员开始讨论如何在全球级别实现去中心化身份系统。对大多数去中心化身份系统而言，底层是区块链/账本，称为第一层协议，用来以某种形式支持去中心化公钥基础设施（DPKI）及去中心化身份标识（DIDs）。

区块链的可扩展性不是小问题，目前已经存在一个有前途的策略来解决基于区块链的系统的可扩展问题，称为第二层协议，如状态通道、侧链和比特币闪电网络。第二层协议通过确定性处理与交易方案来实现可扩展性，这些交易是在区块链之外完成的，只需在与所依托的底层区块链交互时进行极少的共识处理。

要实现去中心化身份管理，就需要一个大规模运行的系统，同时具备一些核心特性，如确定性状态解析及差分持久化。2017 年 8 月至 2019 年 2 月，DIF 成员间开始思想交流，并最终形成了一个完整的第二层协议——Sidetree 协议。

1.5.2　Sidetree 协议的理论基础

区块链是一种能够锚定和跟踪唯一的、不可转移的数字实体的方法，但是用来实现这个方法的策略面临严重的事务性能约束。Sidetree 协议是一个第二层协议，用来在区块链中锚定和跟踪 DID 文件。其中心设计理念涉及将多个 DID 文档操作批处理为单个区块链事物，这使得 Sidetree 协议能够继承区块链的不可篡改性和可验证性保证，而不受其交易率的限制。Sidetree 协议架构如图 1-5-1 所示。

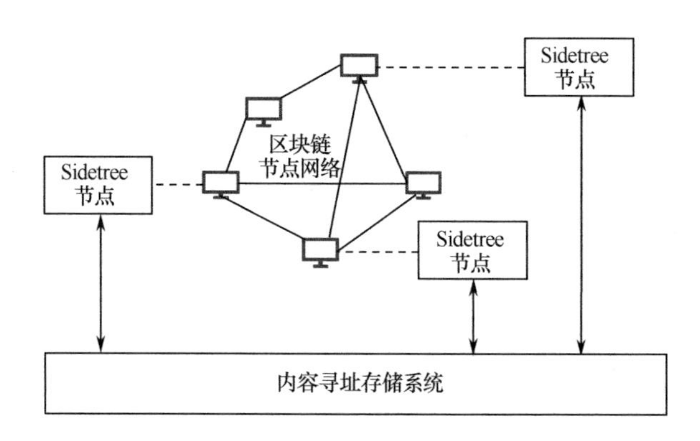

图 1-5-1 Sidetree 协议架构

在架构上，Sidetree 网络是由执行 Sidetree 协议规则的多个逻辑服务器组成的，包含以下三部分。

（1）由 Sidetree 节点组成的网络。每个 Sidetree 节点都提供服务端点，以针对 DID 文档执行操作（如创建、解析、更新和删除）。

（2）由底层区块链节点组成的网络。区块链共识机制有助于序列化由不同节点发布的 Sidetree 操作，并为所有 Sidetree 节点提供所有 DID 文档状态的一致视图，而 Sidetree 节点无须拥有自己的共识层。

（3）内容寻址存储（Content Addressable Storage，CAS）系统。Sidetree 协议在单个文件（批处理文件）中批量处理多个操作，并将批处理文件（Batch File）存储在分布式内容寻址存储系统中。然后将对操作批次的引用锚定在区块链上，将所有批处理操作的实际数据都存储为一个批处理文件。任何人都可以在不运行 Sidetree 节点的情况下运行 CAS 节点，用于存储 Sidetree 批处理文件。

Sidetree 协议本身并不是去中心化身份方法，它由一组代码层级的组件构成，包括确定性处理逻辑（Deterministic Processing Logic）、内容寻址存储抽象（Content Addressable Storage Abstraction）及可以部署到第一层的去中心化账本（如公有链）上的状态验证过程，从而实现无须许可的第二层 DID 网络。通过使用与特定链相关的适配器，Sidetree 协议可以用来在不同的链上创建不同的第二层去中心化身份网络，这些特定链的适配器负责实现与底层区块链的读写交互。

无论底层采用哪种区块链，Sidetree 协议的几乎所有实现代码都应保持一致，这使得它可以适用于多种区块链平台。

1.5.3　Sidetree 协议的设计与实现

Sidetree 协议基于一组模块化组件实现，包括以下几部分。

（1）Sidetree 内核（Sidetree Core）：Sidetree 内核是主要的逻辑模块，它监听来自底层区块链的交易输入，并使用 CAS 模块获取其中的 DID 操作，然后组合/验证每个 DID 的状态。

（2）内容寻址存储（CAS）：CAS 模块是一个基于哈希的存储接口，网络中的第二层节点使用该接口来交换彼此识别的 DID 操作批次，以进行本地持久化和网络传播。该接口抽象自所使用的特定 CAS 协议，但是需要指出的是，DIF 成员已经为此功能选择了 IPFS。

（3）区块链/账本适配器（Blockchain/Ledger Adapter）：适配器中包含了所有需要读写特定区块链的代码，以便解除 Sidetree 主体对特定区块链的依赖。针对不同的底层区块链，需要分别实现不同的适配器。

Sidetree 协议总体结构如图 1-5-2 所示，将比特币作为目标区块链，这也适用于其他区块链。

基于 Sidetree 的第二层（L2）节点，按如下步骤创建、读取和处理 DID 操作。

（1）要将批操作写入基于 Sidetree 节点的 L2 网络，首先需要汇集尽可能多的 DID/DPKI 操作（可根据各种确定性协议规则规定最大数量），然后创建一个第一层（L1）链上交易，并在交易中嵌入该操作批次的哈希值。

（2）DID 操作的源数据由发起节点本地存储，并推送到 IPFS 网络中。当其他节点获知嵌入 Sidetree 操作的底层区块链交易后，这些节点将向原始节点或其他 IPFS 节点请求该批次数据。

（3）当一个节点收到一个批处理后，它会将元数据固定到本地，然后 Sidetree 核心逻辑模块解压批处理数据以解析并验证其中的每个操作。目标区块链的区块/

交易体系是 Sidetree 协议唯一需要的共识机制，而不需要额外的区块链、侧链或咨询权威单位来让网络中的 DID 得出正确的 PKI 状态。

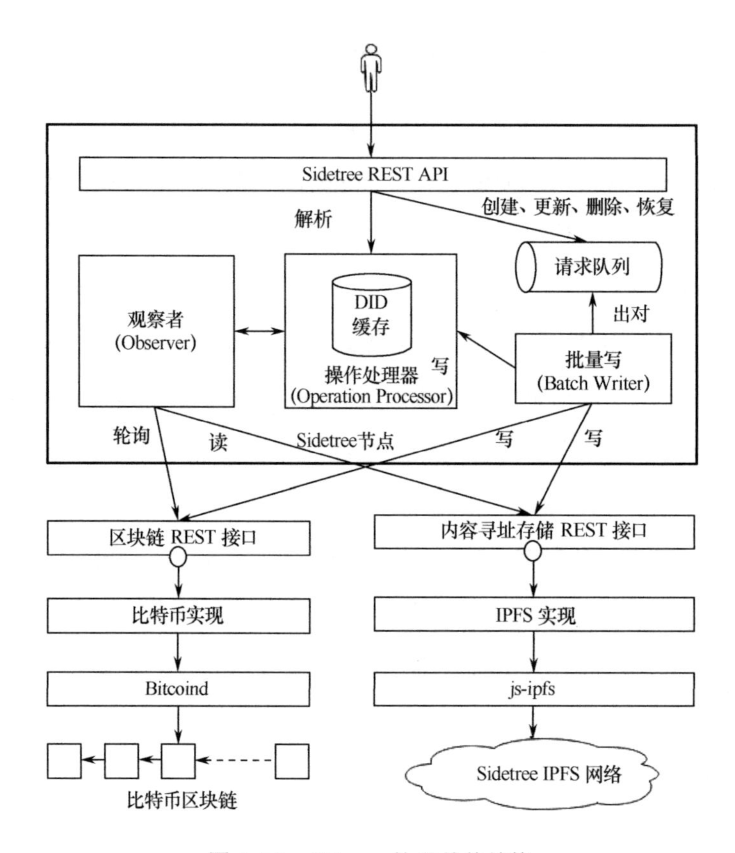

图 1-5-2 Sidetree 协议总体结构

（4）如图 1-5-3 所示为将批处理操作嵌入目标区块链的详细示意图。

Sidetree 协议在设计时做出了一些关键的假设。

（1）DID 不可转让，协议没有提供一个逻辑实体转让、购买或获取其他逻辑实体的 DID 的途径。这对于 DID/DPKI 用例是可行的，但是不适用于资金的双花。

（2）可以延迟揭示嵌入的批次数据，并基于确定性规则集进行处理。

（3）DID 状态彼此独立，一个 DID 的持有者只能影响它自己的 DID 状态。

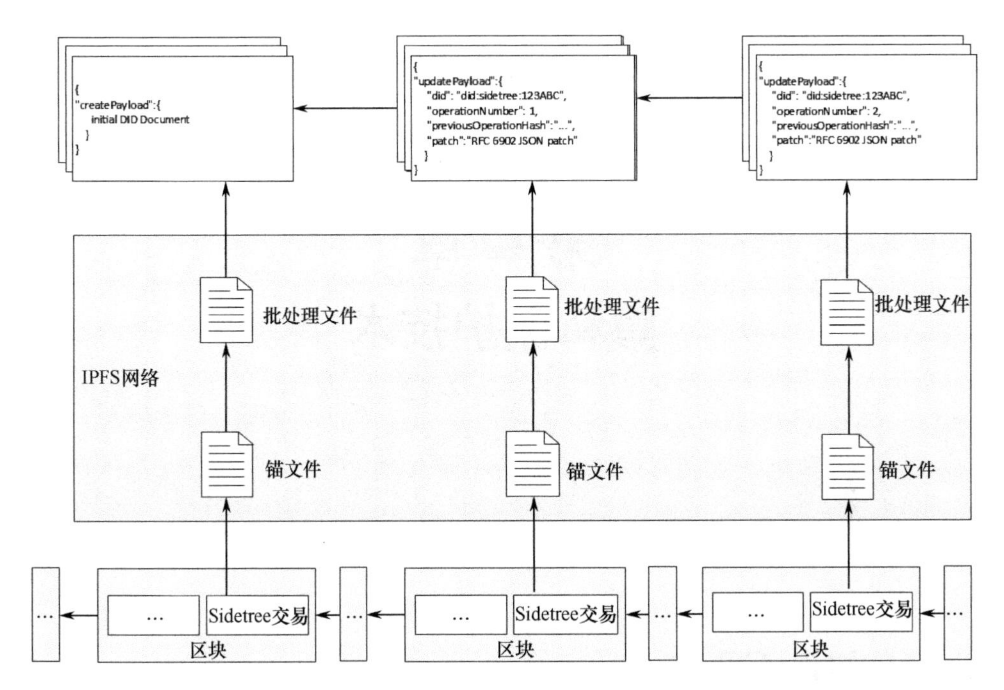

图 1-5-3　将批处理操作嵌入目标区块链的详细示意图

第2章 隐私保护技术

2.1 零知识证明

2.1.1 概念与理论介绍

1. 概念介绍

零知识证明（Zero Knowledge Proof，ZKP）是由 S. Goldwasser、S. Micali 及 C. Rackoff 在 20 世纪 80 年代初提出的，其是指证明方能够在不向验证方提供任何有用信息的情况下，使验证方相信某个论断是正确的。零知识证明实质上是一种涉及两方或多方的协议，即两方或多方完成一项任务所需采取的一系列步骤。证明方向验证方证明并使其相信自己知道或拥有某一消息，但在证明过程中不能向验证方泄露任何关于被证明消息的信息。大量事实证明，零知识证明在密码学中非常有用，如果能够将零知识证明用于验证，将可以有效解决许多问题。

在有必要证明一个命题是否正确，又不需要提示与这个命题相关的任何信息时，零知识证明系统（也称为最小泄露证明系统）是不可或缺的。零知识证明系统包括两部分：宣称某一命题为真的证明方（Prover）和确认该命题确实为真的验证方（Verifier）。证明是通过这两部分之间的交互来执行的。在零知识协议的结尾，只有当命题为真时，验证方才会确认。但是，如果证明方试图证明一个错误的命题，那么验证方完全可能发现这个错误。这种思想源自交互式证明系统。交互式证明系统在计算复杂度理论方面已经具有非常独立的地位。

零知识证明起源于最小泄露证明。设 P 表示掌握某些信息并希望证实相关事实的实体，设 V 是证明这一事实的实体。假如某个协议向 V 证明 P 的确掌握某些信息，但 V 无法推断这些信息是什么，我们称 P 实现了最小泄露证明。而如果 V 除知道 P 能够证明某一事实外，不能得到任何其他知识，我们称 P 实现了零知识证明，相应的协议称为零知识协议。

基本的零知识证明是交互式的，需要验证方向证明方不断询问一系列有关其所掌握的“知识”的问题，如果证明方均能够给出正确回答，那么从概率上来讲，证明方的确很有可能知道其所声称的“知识”。例如，某人声称自己知道一个数独难题的答案，一种零知识证明的方式是验证方随机指定这一次按列、按行还是按九宫格来检测，每次检测不需要看到数字摆放的具体位置，只需检测出来是否包含数字 1～9 即可，只要验证的次数足够多，那么可以大概率相信证明方是知道数独题目的解的。但是，这样简单的方式还不能让人相信证明方和验证方均没有作假，在数独的案例中，两者有可能事先串通好，从而使得证明方在不知道答案的前提下通过验证。如果他们想让第三方信服，验证方必须也要证明自己每次的检测方案是随机的，且自己没有和证明方串通。

由于第三方观察者难以验证交互式零知识证明的结果，因此当我们向多人证明某些内容时，需要付出额外的努力和成本。而非交互式的零知识证明不需要互动过程，避免了串通的可能性，但是可能额外需要一些机器和程序来决定试验的序列。例如，在数独的案例中，通过程序的方式来决定哪一次按行、哪一次按列来检测，但是这个试验序列必须保密，否则验证方如果预先知道了试验的序列，就有可能利用这个信息提前准备，在并不知道真实“知识”的情况下通过验证。

零知识证明的内容可以概括为以下两类。

（1）“事实”陈述：如证明“一个特定的图可以进行三着色”或者“一个数

是合数”；

（2）关于个人知识的陈述：如“我知道这个特定图的染色方案”或者“我知道一个数的因式分解”。

对于零知识证明，很多问题都有对应的加密方案，但并不是所有问题都有零知识证明的加密方案，S. Goldreich、S. Micali 和 C. Wigderson 给出了理论上存在零知识证明解的有效范围。他们发现，在多项式时间内可以验证解的决策问题（问题的答案仅为是/否）存在已知的零知识证明的加密方案。只需在这样的 NP 问题中找到想要证明的论述，并转化为三色问题的一个实例，那么就可以利用已有的协议实现零知识证明。由于三色问题属于 NPC 问题（NP 完全问题），任何 NP 问题都可以转化为这个问题的实例。

2．ZKP 性质

（1）正确性。*P* 无法欺骗 *V*，换言之，若 *P* 不知道一个定理的证明方法，则 *P* 使 *V* 相信其会证明定理的概率很低。

（2）完备性。*V* 无法欺骗 *P*，若 *P* 知道一个定理的证明方法，则 *P*（以极大概率）使 *V* 相信其能证明定理。

（3）零知识性。*V* 无法获取任何额外的知识。

3．ZKP 属性

（1）如果语句为真，诚实的验证方（正确遵循协议的验证方）将由诚实的证明方确信这一事实；

（2）如果语句为假，不排除“欺骗者可以说服诚实的验证方其是真的”的可能性；

（3）如果语句为真，证明方的目的就是向验证方证明并使验证方相信自己知道或拥有某一“知识”，而在证明过程中不可向验证方泄露任何有关被证明“知识”的内容。

零知识证明并不是数学意义上的证明，因为它存在小概率的误差，欺骗者有可能通过虚假陈述骗过证明方。换句话来说，零知识证明是概率证明而不是确定性证明，但是也存在一些技术能将误差降低到可以忽略的范围内。零知识的形式定义必须使用一些计算模型，最常见的是图灵机的计算模型。

2.1.2　zkSNARKs 的设计与实现

简洁的非交互式零知识证明(zero-knowledge Succint Non-interactive Arguments of Knowledge，zkSNARK）的常用简称有 zkSNARKs、zkSNARK、zk-SNARKs、zk-SNARK、zkSnarks、zkSnark、zk-Snarks、zk-Snark 等。本书统一使用通用简称 zkSNARKs。

zero-knowledge：证明的零知识性，不泄露要证明的“知识”；

Succinct：证明的数据量比较小；

Non-interactive：没有或者只有很少的交互；

Arguments：验证方只对计算能力有限的证明方有效，拥有足够计算能力的证明方可以伪造证明，这也称为“计算可靠性”（相对的还有“完美可靠性”）；

Knowledge：对证明方来说，在不知道证据（Witness，如一个哈希函数的输入或者一个确定默克尔树的节点的路径）的情况下，构造出一组参数和证明是不可能的。

zkSNARKs 由以下四部分组成。

（1）多项式问题转化。

把需要验证的程序编写为一个二次多项式方程，即 $t(x)h(x) = w(x)v(x)$，当且仅当程序的计算结果正确时这个等式才成立，而证明者需要说服验证者这个等式成立。

（2）简单随机取样。

验证方随机选择一个秘密评估点 s，将多项式乘法和验证多项式函数相等的问题简化为简单的数值乘法和验证等式 $t(s)h(s) = w(s)v(s)$ 的问题。相对于验证多项式相等，随机取样验证简单、验证数据少。随机取样验证的安全性不及多项式等式验证，但如果足够随机，其安全性还是相当高的。

（3）同态编码/加密。

使用具有一些同态性质的编码/加密函数 E（但不是全同态加密），这允许在只知道$E(s)$但不知道s的情况下计算$E(t(s))$、$E(h(s))$、$E(w(s))$、$E(v(s))$。“同态”是函数的特殊性质，包括加法同态性和乘法同态性。加法同态性指$E(x+y)$可以由$E(x)$和$E(y)$计算得出，乘法同态性指$E(xy)$可以由$E(x)$和$E(y)$计算得出。

（4）零知识。

证明方通过将$E(t(s))$、$E(h(s))$、$E(w(s))$、$E(v(s))$乘以一个数来替换其值，这样验证方就可以在不知道真实编码值的情况下验证$E(t(s))$、$E(h(s))$、$E(w(s))$、$E(v(s))$正确的结构。

有一个简单的想法是这样的，因为验证$t(s)h(s)=w(s)v(s)$和验证$t(s)h(s)k=w(s)v(s)k$（$k\neq 0$且是秘密随机数）几乎是完全一样的，而不同的地方在于如果你只接收到了$t(s)h(s)k$和$w(s)v(s)k$，那么从中获取$t(s)h(s)$或者$w(s)v(s)$的值就几乎是不可能的了。

当然了，这些都只是表层的部分，是为了更好地理解 zkSNARKs 的本质，下面我们开始详细介绍 zkSNARKs。

1．NP 问题及归约

解决一个问题需要花费一定的时间，如果解决问题需要的时间与问题的规模是多项式关系，则可以称该问题具有多项式复杂度。一般问题可分成两类：P 问题和 NP 问题。P 问题指在多项式时间内可解的问题；NP 问题指不能在多项式时间内可解，但是可以在多项式时间内验证的问题。

很显然，P 问题也是 NP 问题，但是对于 NP 问题是否也是 P 问题，目前还没有人能证明。一般认为，NP 问题不等于 P 问题，也就是说，NP 问题不存在多项式解法。

归约（Reduction）可以理解成问题的转化。任意一个程序A的输入，都能按某种法则将其变换成程序B的输入，使二者的输出相同，那么可以说，问题A可归约为问题B。

NPC 问题即 NP 完全问题，其中，完全指图灵完备。所有的 NP 问题都能归约为 NPC 问题。简单来说，NP 问题之间可以相互归约，如果一个 NP 问题可求解，那么其他 NP 问题一样能求解。

下面我们举例说明 NP 问题及 NP 问题的归约。

1） SAT 问题

SAT 问题即布尔公式满足性（Boolean Formula Satisfiability）问题。布尔公式定义如下：

（1）任意变量 x_1、x_2、x_3… 是布尔公式。

（2）假设 f 是布尔公式，$\neg f$ （取反）也是布尔公式。

（3）假设 f 和 g 是布尔公式，$f \wedge g$ （与）和 $f \vee g$ （或）也是布尔公式。

若一个布尔公式是可满足的，则其输入为 0 或 1，其输出为真。

SAT 问题即找出所有可满足的布尔公式。

直观来看，SAT 问题的求解除了枚举一个个可能的布尔公式，没有更好的办法，也就是在多项式时间内不可解。而如果知道一个可满足的布尔公式，验证其是 SAT 问题的一个解则非常方便（在输入是 0/1 的情况下，看其输出是否为真）。因此，SAT 问题是一个 NP 问题。

2）PolyZero 问题

如果 f 是一个变量都来自集合{0,1 的多项式，并且其中包含一个零项，那么 PolyZero(f)=1。

一个布尔公式 f 可以通过如下的归约函数 r 转化为多项式：

$$r(x_i) = 1 - x_i$$

$$r(\neg f) = (1 - r(f))$$

$$r(f \wedge g) = (1 - (1 - r(f))(1 - r(g)))$$

$$r(f \vee g) = r(f)r(g)$$

也就是说，一个 SAT 问题通过归约函数 r，可以归约为一个 PolyZero 问题：当且仅当 $r(f)$ 含有 {0,1} 中的一个 0 时， $\mathrm{SAT}(f) = \mathrm{PolyZero}(r(f))$ 或者 f 是可满足的。

总结一下，NP 问题是在多项式时间内无解，但可以在多项式时间验证的问题，

NP 问题可以相互归约。

2. QSP 问题

需要证明的问题肯定是 NP 问题，如果是 P 问题，则不存在问题解的“寻找”，也就不存在证明。简言之，zkSNARKs 问题处理的都是 NP 问题。既然 NP 问题可以相互归约，首先确定一个 NP 问题，其他 NP 问题都可以归约为这个 NP 问题，再进行证明。也就是说，证明了一个 NP 问题，就可以证明所有 NP 问题。

QSP（Quadratic Span Programs）问题是 NP 问题，也特别适合 zkSNARKs。QSP 问题如下：给定一系列多项式，并给定一个目标多项式，找出多项式的组合以使其能整除目标多项式。

输入为 n 位的 QSP 问题定义如下。

（1）多个多项式：$v_0,\cdots,v_m,w_0,\cdots,w_m$；

（2）目标多项式：t；

（3）映射函数 $f:\{(i,j)\,|\,1\leqslant i\leqslant n, j\in\{0,1\}\}\to\{1,\cdots,m\}$。

给定一个证据（Witness）u，若满足如下条件，即可验证 u 是 QSP 问题的解：

（1）a_k,b_k=1，$k=f(i,u[i])$，其中 $u[i]$ 是 u 的第 i 个比特位。

（2）$a_k,b_k=0$，$k=f(i,1-u[i])$。

（3）$v_a w_b$ 能整除 t，其中

$$v_a=v_0+a_1v_1+\cdots+a_mv_m$$

$$w_b=w_0+b_1w_1+\cdots+b_mw_m$$

对证据 u 的每位进行两次映射计算（$u[i]$ 及 $1-u[i]$），确定多项式之间的系数，如果 $2n<m$，那么多项式的选择还是有很大的灵活性的。

如果证明方知道 QSP 问题的解，则需要提供证据 u。验证方在获知证据 u 的情况下，按照上述规则恢复多项式的系数，验证 $v_a w_b$ 是否能整除 t，即 $th=v_a w_b$。为了方便验证方验证，证明方可以同时提供 h。在多项式维度比较大的情况下，多项式的乘法还是比较复杂的。

如前文所述，有个简单的做法，验证方与其验证整个多项式是否相等，不如

随机挑选数值进行验证。假设验证方随机挑选验证数 s，验证方只需验证 $t(s)h(s)=v_a(s)w_b(s)$。

以上是基础知识，下面开始介绍 zkSNARKs 的证明过程。在深入 QSP 问题的证明细节之前，我们先介绍一个多项式问题的证明过程。

3. 多项式问题的证明过程

假设一个多项式 $f(x)=a_0+a_1x+a_2x^2+\cdots+a_{d-1}x^{d-1}+a_dx^d$，要证明一个多项式，即给定一个输入 x，提供 $f(x)$ 的证明。

1）有限群论基础（椭圆曲线）

选定一个椭圆曲线有限群，生成元是 g，阶为 n，则该群包含以下元素：$g^0,g^1,\cdots,g^{n-1}$。通过有限群加密的方式很简单，即 $E(x)=g^x$。

2）选定随机数

验证方随机选择一个有限群中的元素并将其作为秘密域元素 s，计算并发布以下结果（s 不同阶的加密结果）：$E(s^0),E(s^1),\cdots,E(s^d)$，其中，$d$ 为所有多项式的最大阶数，然后销毁 s。

3）$E(f(s))$ 计算

对于任意多项式 f，证明方可以根据 $E(s^0),E(s^1),\cdots,E(s^d)$，在不知道 s 的情况下，计算出 $E(f(s))$。假设多项式为 $f(x)=4x^2+2x+4$，则

$$E(f(s))=E(4s^2+2s+4)=g^{4s^2+2s+4}=E(s^2)^4E(s^1)^2E(s^0)^4$$

4）α 对

由于秘密域元素 s 被销毁，验证方无法检验证明方计算的多项式的正确性。验证方随机选择另一个秘密域元素 α，计算并发布以下偏移的加密值：$E(\alpha s^0)$，$E(\alpha s^1),\cdots,E(\alpha s^d)$，然后销毁 α。利用这些加密值，证明方可以计算 $E(\alpha f(s))$。对于 $f(x)=4x^2+2x+4$，$E(\alpha f(s))=E(4\alpha s^2+2\alpha s+4\alpha)=E(\alpha s^2)^4E(\alpha s^1)^2E(\alpha s^0)^4$。因此，证明方需要发布 $A=E(f(s))$ 和 $B=E(\alpha f(s))$。

$$A=E(f(s))=E(s^2)^4E(s^1)^2E(s^0)^4$$

$$B=E(\alpha f(s))=E(\alpha s^2)^4E(\alpha s^1)^2E(\alpha s^0)^4$$

验证方使用配对函数检验这些值是否匹配。

5）配对函数 e

配对函数 e 定义：对于所有的 x、y，有

$$e(g^x, g^y) = e(g, g)^{xy}$$

验证方使用配对函数 e 检验等式 $e(A, g^\alpha) = e(B, g)$。推导过程如下：

$$e(A, g^\alpha) = e(E(f(x)), g^\alpha) = e(g^{f(x)}, g^\alpha) = e(g, g)^{\alpha f(x)}$$

$$e(B, g) = e(E(\alpha f(x)), g) = e(g^{\alpha f(x)}, g) = e(g, g)^{\alpha f(x)}$$

在验证方提供 α 对的情况下，证明方可以证明通过某个多项式计算出某个结果，而验证方不知道具体的多项式参数。

6）δ 偏移

更进一步，证明方采用 δ 偏移，甚至不想让验证方知道 $E(f(x))$。在采用 δ 偏移时，证明方不再提供 A 和 B，而是随机进行一个 δ 偏移，提供 A' 和 B'。

$$A' = E(\delta + f(s)) = g^{\delta + f(s)} = g^\delta g^{f(s)} = E(\delta)E(f(s)) = E(\delta)A$$

$$B' = E(\alpha(\delta + f(s))) = E(\alpha\delta + \alpha f(s)) = g^{\alpha\delta + \alpha f(s)} = E(\alpha)^\delta E(\alpha f(s)) = E(\alpha)^\delta B$$

$$e(A', g^\alpha) = e(E(\delta + f(s)), g^\alpha) = e(g^{\delta + f(s)}, g^\alpha) = e(g, g)^{\alpha(\delta + f(s))}$$

$$e(B', g) = e(E(\alpha(\delta + f(s))), g) = e(g^{\alpha(\delta + f(s))}, g) = e(g, g)^{\alpha(\delta + f(s))}$$

7）小结

至此我们完成了多项式的证明过程。完整的多项式证明过程如图 2-1-1 所示。

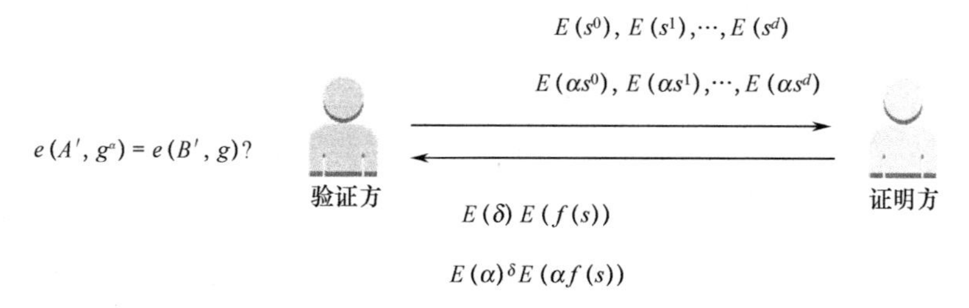

图 2-1-1 完整的多项式证明过程

4．QSP 问题的 zkSNARKs 证明

zkSNARKs 证明过程分为三个阶段：初始化设置阶段、证明方提供证据阶段、

验证方验证阶段。

QSP 问题：已知多项式$v_0,\cdots,v_m,w_0,\cdots,w_m$，目标多项式$t$（不超过 d 阶）及输入二进制串 u，证明方找到$a_1,\cdots,a_m,b_1,\cdots,b_m$（在一定程度上取决于 u）及多项式 h 满足：

$$th=(v_0+a_1v_1+\cdots+a_mv_m)(w_0+b_1w_1+\cdots+b_mw_m)$$

1）初始化设置阶段

初始化公共参考串（Common Reference String，CRS），即预先初始化的公开信息。选定秘密参数s和α，发布以下信息。

（1）s和α的计算结果：

$$E(s^0),E(s^1),\cdots,E(s^d),E(\alpha s^0),E(\alpha s^1),\cdots,E(\alpha s^d)$$

（2）多项式的α对计算结果：

$$E(t(s)),E(\alpha t(s))$$

$$E(v_0(s)),\cdots,E(v_m(s)),E(\alpha v_0(s)),\cdots,E(\alpha v_m(s))$$

$$E(w_0(s)),\cdots,E(w_m(s)),E(\alpha w_0(s)),\cdots,E(\alpha w_m(s))$$

（3）多项式的秘密参数β_v、β_w、γ的计算结果：

$$E(\gamma),E(\beta_v\gamma),E(\beta_w\gamma)$$

$$E(\beta_v v_1(s)),\cdots,E(\beta_v v_m(s)),E(\beta_w w_1(s)),\cdots,E(\beta_w w_m(s))$$

$$E(\beta_v t(s)),E(\beta_w t(s))$$

2）证明方提供证据阶段

在 QSP 的映射函数中，如果$2n<m$，则$1,\cdots,m$中有些数字没有映射到。这些没有映射到的数字组成I_{free}，并定义$v_{\text{free}}(x)=\sum_k a_kv_k(x)$，其中，$k$为未映射到的数字。

证明方需要提供的证据 u 如下：

$$V_{\text{free}}=E(v_{\text{free}}(s)),W=E(w(s)),H=E(h(s))$$

$$V'_{\text{free}}=E(\alpha v_{\text{free}}(s)),W'=E(\alpha w(s)),H'=E(\alpha h(s))$$

$$Y=E(\beta_v v_{\text{free}}(s)+\beta_w w(s))$$

其中，$V_{\text{free}}/V'_{\text{free}}$、$W/W'$、$H/H'$是$\alpha$对，用于验证$v_{\text{free}}$、$w$、$h$是否是多项式形式；$t$是已知的、公开的；$Y$用来确保$v_{\text{free}}(s)$和$w(s)$的计算采用一致的参数。

3）验证方验证阶段

在 QSP 的映射函数中，如果$2n<m$，则将$1,\cdots,m$中所有映射到的数字作为系数组成的二项式定义为$v_{\text{in}}(x)=\sum_k a_k v_k(x)$，其与$v_{\text{free}}$互补。

验证方需要验证如下等式是否成立：

$$e(V'_{\text{free}},g)=e(V_{\text{free}},g^{\alpha}),e(W',E(1))=e(W,E(\alpha)),e(H',E(1))=e(H,E(\alpha)) \quad (2\text{-}1\text{-}1)$$

$$e(E(\gamma),Y)=e(E(\beta_v\gamma),V_{\text{free}})e(E(\beta_w\gamma),W) \quad (2\text{-}1\text{-}2)$$

$$e(E(v_0(\text{s}))E(v_{\text{in}}(s))V_{\text{free}},E(w_0(s))W)=e(H,E(t(s))) \quad (2\text{-}1\text{-}3)$$

式（2-1-1）验证$V_{\text{free}}/V'_{\text{free}}$、$W/W'$、$H/H'$是否是$\alpha$对。

式（2-1-2）验证V_{free}和W的计算是否采用一致的参数。因为v_{free}和w都是多项式，因此它们的和也是多项式，所以采用γ参数进行确认。验证过程如下：

$$e(E(\gamma),Y)=e(E(\gamma),E(\beta_v v_{\text{free}}(s)+\beta_w w(s)))=e(g,g)^{\gamma(\beta_v v_{\text{free}}(s)+\beta_w w(s))}$$

$$\begin{aligned}e(E(\beta_v\gamma),V_{\text{free}})e(E(\beta_w\gamma),W)&=e(E(\beta_v\gamma),E(v_{\text{free}}(s)))e(E(\beta_w\gamma),E(w(s)))\\&=e(g,g)^{(\beta_v\gamma)v_{\text{free}}(s)}e(g,g)^{(\beta_w\gamma)w(s)}\\&=e(g,g)^{\gamma(\beta_v v_{\text{free}}(s)+\beta_w w(s))}\end{aligned}$$

因此，等式$e(E(\gamma),Y)=e(E(\beta_v\gamma),V_{\text{free}})e(E(\beta_w\gamma),W)$成立。

式（2-1-3）验证$v(s)w(s)=h(s)t(s)$，其中$v(s)=v_0(s)+v_{\text{in}}(s)+v_{\text{free}}(s)$。简言之，在逻辑上确认$v$、$w$、$h$是多项式，并且$v$、$w$采用同样的参数，满足$v(s)w(s)=h(s)t(s)$。

至此，整个 QSP 的 zkSNARKs 证明过程已见雏形，如图 2-1-2 所示。

4）δ偏移

为了进一步“隐藏”V_{free}和W，需要额外选取两个偏移δ_{free}和δ_w。对$v_{\text{free}}(s)$、$w(s)$、$h(s)$进行如下变形，验证方用同样的逻辑验证。

$$v_{\text{free}}(s)\to v_{\text{free}}(s)+\delta_{\text{free}}t(s)$$

$$w(s)\to w(s)+\delta_w t(s)$$

$$h(s)\to h(s)+\delta_{\text{free}}(w_0(s)+w(s))+\delta_w(v_0(s)+v_{\text{in}}(s)+v_{\text{free}}(s))+\delta_{\text{free}}\delta_w t(s)$$

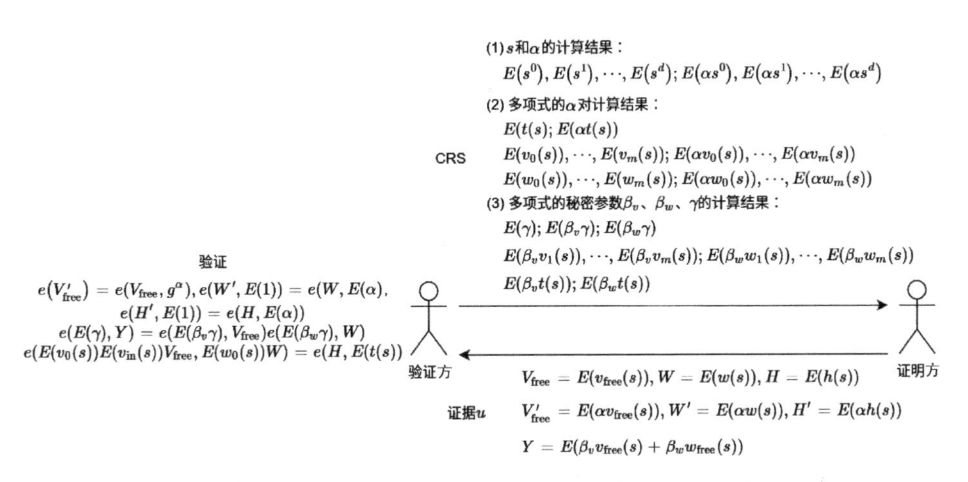

图 2-1-2　zkSNARKs 的证明过程

5）小结

至此，zkSNARKs 的推导逻辑就基本完整了。zkSNARKs 的证明过程分为以下几步。

（1）问题转化：将一个需要证明的 NP 问题转化为选定的 NP 问题（如 QSP 问题）；

（2）参数设置：设置参数的过程也是挑选随机数的过程，同时提供 CRS；

（3）证明方获取证据 u，通过 CRS 计算证据；

（4）验证方验证证据及响应的证据。

2.2　代理重加密

2.2.1　概念与理论介绍

1．概念介绍

代理重加密（Proxy Re-Encryption，PRE）是密文之间的一种密钥转换机制，在代理重加密中，一个半可信代理人通过代理授权人产生的转换密钥 rk 把用授权人 Alice 的公钥 pk_A 加密的密文转化为用被授权人 Bob 的公钥 pk_B 加密的密文，在这个过程中，代理人得不到数据的明文信息，从而降低了数据泄露风险。

2. PRE 形式化定义

PRE 中的主要角色和交互如图 2-2-1 所示。

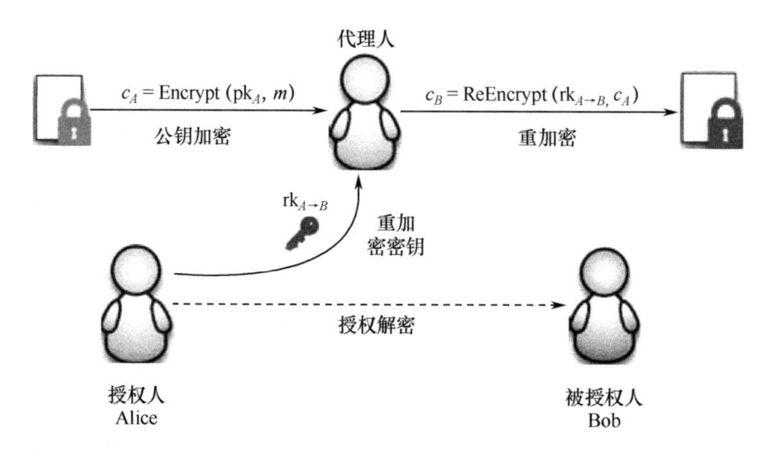

图 2-2-1　PRE 中的主要角色和交互

一个 PRE 方案可由五个算法组成：密钥生成算法、重加密密钥生成算法、加密算法、重加密算法、解密算法。

（1）密钥生成算法：$\text{KeyGen}(1^k) \to (\text{pk}_i, \text{sk}_i)$。

输入安全参数 1^k，$k \in K$；密钥生成算法为用户 i 输出公私钥对 $(\text{pk}_i, \text{sk}_i)$。

（2）重加密密钥生成算法：$\text{ReKeyGen}(\text{pk}_A, \text{sk}_A, \text{pk}_B, \text{sk}_B) \to \text{rk}_{A\to B}$。

输入 Alice 的公私钥对 $(\text{pk}_A, \text{sk}_A)$ 和 Bob 的公私钥对 $(\text{pk}_B, \text{sk}_B)$，输出一个重加密密钥 $\text{rk}_{A\to B}$。此时，Alice 是授权人，Bob 是被授权人。

（3）加密算法：$\text{Encrypt}(\text{pk}_i, m) \to c_i$。

输入用户 i 的公钥 pk_i 及消息 $m \in M$，输出 m 的密文 $c_i \in C_1$。

（4）重加密算法：$\text{ReEncrypt}\left(\text{rk}_{A\to B}, c_A\right) \to c_B$。

输入一个重加密密钥 $\text{rk}_{A\to B}$ 和 Alice 的密文 c_A，输出针对 Bob 的重加密密文 $c_B \in C_2$。

（5）解密算法：$\text{Decrypt}(\text{sk}_i, c_i) \to m$。

输入用户 i 的私钥 sk_i 和密文 c_i，输出消息 m 或者错误符号⊥（表明密文 c_i 不合法）。

在代理重加密定义中，一个拥有重加密密钥 $\mathrm{rk}_{A\to B}$ 的半可信代理人能够将 Alice 公钥下的密文 $c_A \in C_1$ 重加密为 Bob 公钥下针对同一明文 $m \in M$ 的密文 $c_B \in C_2$。然后，Bob 能够解密并获得消息 $m \in M$，同时，该代理人无法获得任何信息（如 sk_A、sk_B 和 m）。

在上述 PRE 定义的重加密密钥生成算法中，被授权人 Bob 的私钥 sk_B 是可选的。一般地，当 Bob 的私钥 sk_B 不参与重加密密钥生成时，该代理重加密方案具有单向性和非交互性；反之，重加密密钥生成算法输出一个双向的重加密密钥，且该 PRE 方案具有交互性。此外，加密算法和重加密算法输出的密文空间分别为 C_1 和 C_2。当 $C_1 = C_2$ 时，加密算法和重加密算法的输出具有相同的密文空间，只需要一个解密算法就可以同时解密上述两种算法输出的密文；而当 $C_1 \neq C_2$ 时，加密算法和重加密算法需要两个不同的解密算法。

3. PRE 特性

根据定义，PRE 有 9 个重要的特性。

（1）单向性。

在一个单向 PRE 方案中，重加密密钥是单向的，即代理人可以利用一个单向的重加密密钥 $\mathrm{rk}_{A\to B}$ 将 Alice 的密文转换为 Bob 的密文，而不能将 Bob 的密文转换为 Alice 的密文；反之，双向 PRE 方案不仅允许代理人将 Alice 的密文转换为 Bob 的密文，还允许将 Bob 的密文转换为 Alice 的密文。

（2）复用性。

在一个复用 PRE 方案中，加密算法和重加密算法的输出结果都可以再次作为重加密算法的输入；反之，单向 PRE 方案只允许将加密算法的输出作为重加密算法的输入。

（3）秘密代理。

在一个秘密 PRE 方案中，代理人是诚实的且能够确保重加密密钥的隐私性，即攻击者无法从密文转换过程中获取重加密密钥；反之，在公开 PRE 方案中，攻击者可以通过观察代理人的输入与输出计算出重加密密钥。

（4）透明性。

在一个具有透明性的PRE方案中，代理人是透明的，即加密算法输出的密文和重加密算法输出的密文在计算上是不可区分的。

（5）密钥优化。

在密钥优化的PRE方案中，不论存在多少授权人或被授权人，用户只需保护和存储少量的秘密数据。

（6）非交互性。

在非交互的PRE方案中，重加密密钥由授权人的公私钥对和被授权人的公钥产生，即被授权人不参与重加密密钥的授权过程。

（7）非传递性。

在非传递的PRE方案中，重加密密钥具有非传递性，即给定$A \to B$的重加密密钥和$B \to D$的重加密密钥，代理人无法通过它们计算得到$A \to D$的重加密密钥。

（8）暂时性。

在暂时的PRE方案中，重加密密钥是可撤销的，即授权人有权收回委托出去的解密授权。

（9）抗合谋攻击。

在抗合谋攻击的PRE方案中，重加密密钥能够抵抗合谋攻击，即当被授权人与代理人合谋时，二者无法揭露授权人的私钥和明文信息。

2.2.2 Umbral PRE的设计与实现

Umbral PRE系统按照KEM/DEM方法设计，由于DEM部分没有受到重加密的影响，因此我们主要关注Umbral KEM部分，其流程如图2-2-2所示。

1. Umbral KEM语法

1）密钥生成算法和重加密密钥生成算法

（1）$\mathrm{KeyGen}()$：密钥生成算法，针对用户i，输出公私钥对$(\mathrm{pk}_i, \mathrm{sk}_i)$。

（2）$\mathrm{ReKeyGen}(\mathrm{sk}_A, \mathrm{pk}_B, N, t)$：重加密密钥生成算法，输入私钥$\mathrm{sk}_A = a$、公

钥 $pk_B = g^b$、片段数量 N、门限值 t，计算 A 和 B 之间的 N 个重加密密钥片段，每个片段记为 kFrag。

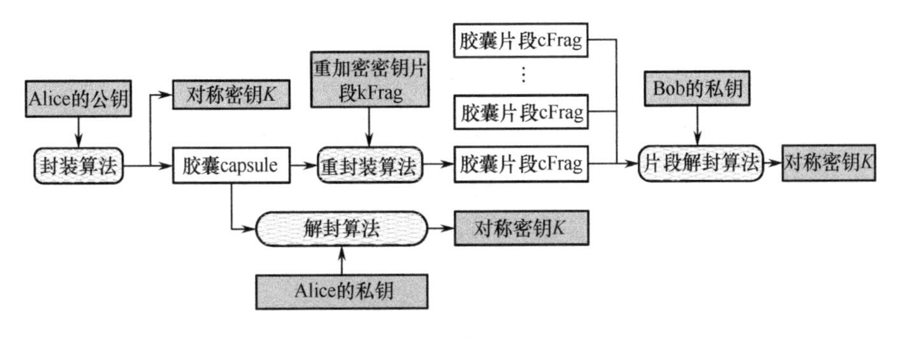

图 2-2-2　Umbral KEM 流程

注：白色部分为数据，灰色部分为密钥，底纹部分为操作。

2）封装算法和解封算法

（1）$\text{Encapsulate}(\text{pk}_A)$：封装算法，输入公钥 pk_A，封装对称密钥 K 并允许解封对称密钥 K 的 capsule。

（2）$\text{Decapsulate}(\text{sk}_A, \text{capsule})$：解封算法，输入私钥 sk_A 和原始封装，输出对称密钥 K 或者输出错误符号⊥（表明 capsule 不合法）。

3）重封装算法和片段解封算法

（1）$\text{ReEncapsulation}\ (\text{kFrag}, \text{capsule})$：重封装算法，输入 kFrag 和 capsule，输出 kFrag 或者输出错误符号⊥（表明程序失败）。

（2）$\text{DecapsulateFrags}\left(\text{sk}_B, \{\text{cFrag}_i\}_{i=1}^{t}, \text{capsule}\right)$：片段解封算法，输入私钥 sk_B 及 t 个 capsule 片段或者全部片段，输出对称密钥 K 或者输出错误符号⊥（表明解封失败）。

2. Umbral KEM 构造

1）系统初始化及参数设置

Setup(sec)：输入一个安全参数 sec，输出公共参数 $\text{params} = (G, g, U, H_2, H_3, H_4, \text{KDF})$。其中，$G$ 是根据安全参数 sec 生成的阶为素数 q 的循环群；$g, U \in G$ 是生成元；$H_2 : G^2 \to \mathbb{Z}_q$，$H_3 : G^3 \to \mathbb{Z}_q$，$H_4 : G^3 \times \mathbb{Z}_q \to \mathbb{Z}_q$ 是哈希函数；KDF（Key

Derivation Function）: $G \to \{0,1\}^{\ell}$ 是密钥导出函数，ℓ 由安全参数 sec 决定。

2）密钥生成算法

KeyGen()：随机选取 $a \in \mathbb{Z}_q$ 服从均匀分布，计算 g^a，然后输出公私钥对 $(\text{pk},\text{sk}) = (g^a, a)$。

ReKeyGen$(\text{sk}_A, \text{pk}_B, N, t)$：输入私钥 $\text{sk}_A = a$ 和公钥 $\text{pk}_B = g^b$，以及片段数量 N、门限值 t，计算 $A \to B$ 的 N 个重加密片段。

（1）随机选取 $x_A \in \mathbb{Z}_q$ 并计算 $X_A = g^{x_A}$。

（2）计算 $d = H_3(X_A, \text{pk}_B, (\text{pk}_B)^{x_A})$。

（3）随机选取 $t-1$ 个元素 $f_i \in \mathbb{Z}_q$，$1 \leqslant i \leqslant t-1$，并计算 $f_0 = ad^{-1} \bmod q$。

（4）构造 $t-1$ 阶多项式 $f(x) \in \mathbb{Z}_q[x]$，如

$$f(x) = f_0 + f_1 x + f_2 x^2 + \cdots + f_{t-1} x^{t-1}$$

（5）计算 $D = H_6(\text{pk}_A, \text{pk}_B, (\text{pk}_B)^a)$。

（6）初始化设置 $KF = \varnothing$，然后重复以下操作 N 次：

- 随机选取 $y, \text{id} \in \mathbb{Z}_q$；
- 计算 $s_x = H_5(\text{id}, D)$，$Y = g^y$；
- 计算 $\text{rk} = f(s_x)$；
- 计算 $U_1 = U^{\text{rk}}$；
- 计算 $z_1 = H_4(Y, \text{id}, \text{pk}_A, \text{pk}_B, U, X_A)$，$z_2 = y - az_1$；
- 定义一个重加密密钥片段 kFrag 为元组 $(\text{id}, \text{rk}, X_A, U_1, z_1, z_2)$

$$\text{KF} = \text{KF} \cup \{\text{kFrag}\}$$

（7）最后，输出一系列重加密密钥片段 KF。

3）封装算法与解封算法

Encapsulate(pk_A)：输入公钥 pk_A，随机选取 $r, u \in \mathbb{Z}_q$ 并计算 $E = g^r$ 及 $V = g^u$，然后计算 $s = u + rH_2(E, V)$，计算派生密钥 $K = \text{KDF}((\text{pk}_A)^{r+u})$，元组 (E, V, s) 被称为胶囊（capsule），并且能解封出对称密钥；最后输出 $(K, \text{capsule})$。

CheckCapsule(capsule)：输入 $\text{capsule} = (E, V, s)$，通过检查 $g^s = VE^{H_2(E,V)}$ 是否

成立来检验 capsule 的有效性。

Decapsulate(sk_A,capsule)：输入私钥 $\mathrm{sk}_A = a$ 及初始胶囊 capsule $=(E,V,s)$，使用 CheckCapsule 算法检验 capsule 的有效性，若检验失败，输出错误符号⊥；否则，计算 $K = \mathrm{KDF}((EV)^a)$，最后输出 K。

4）重封装算法与片段解封算法

ReEncapsulate(kFrag,capsule)：输入重加密密钥片段 kFrag $=(\mathrm{id},\mathrm{rk},X_A,U_1,z_1,z_2)$ 及 capsule $=(E,V,s)$，首先检验 capsule 的有效性，若检验失败，输出错误符号⊥；否则，计算 $E_1 = E^{\mathrm{rk}}$，$V_1 = V^{\mathrm{rk}}$，输出 capsule 片段 cFrag $=(E_1,V_1,\mathrm{id},X_A)$。

DecapsulateFrags($\mathrm{sk}_B,\mathrm{pk}_A,\{\mathrm{cFrag}_i\}_{i=1}^t$)：输入私钥 $\mathrm{sk}_B = b$ 和初始公钥 $\mathrm{pk}_A = g^a$ 及 t 个 capsule 片段，其中，每个片段 $\mathrm{cFrag}_i = (E_{1,i},V_{1,i},\mathrm{id}_i,X_A)$，具体如下：

（1）计算 $D = H_6(\mathrm{pk}_A,\mathrm{pk}_B,(\mathrm{pk}_A)^b)$；

（2）设 $S = \{s_{x,i}\}_{i=1}^t$，其中，$s_{x,i} = H_5(\mathrm{id}_i,D)$，对于所有的 $s_{x,i} \in S$，计算

$$\lambda_{i,s} = \prod_{j=1,j\neq i}^{t} \frac{s_{x,j}}{s_{x,j} - s_{x,i}}$$

（3）计算 $E' = \prod_{i=1}^{t}\left(E_{1,i}\right)^{\lambda_{i,s}}$，$V' = \prod_{i=1}^{t}\left(V_{1,i}\right)^{\lambda_{i,s}}$；

（4）计算 $d = H_3\left(X_A,\mathrm{pk}_B,{X_A}^b\right)$；

（5）输出对称密钥 $K = \mathrm{KDF}\left(\left(E'V'\right)^d\right)$。

3．KEM/DEM 构造

使用 DEM 扩展 Umbral KEM 即可得到完整的代理重加密方案。因此，下面定义了加密和解密算法，而不是封装和解封算法。这里要求 DEM 是带有相关数据的可验证加密算法，我们将其称为 AEAD。注意，重加密算法实际上并不涉及任何对称加密操作。这里省略了密钥生成算法，因为密钥生成算法在扩展中没有改变。

Encrypt(pk_A,m)：输入公钥 pk_A 及消息 $m \in M$，计算 (K,capsule)= Encapsulate(pk_A)。encData 是应用 AEAD 加密 m 的结果，其中，密钥为 K，相关数据为 capsule。最后输出密文 C=(capsule,encData)。

Decrypt(sk_A,C)：输入私钥 sk_A 和密文 $C=$(capsule,encData)，首先，计算密

钥 $K = \text{Decapsulate}(\text{sk}_A, \text{capsule})$；然后，使用 AEAD 的解密函数解密密文 encData，其密钥为 K，相关数据为 capsule；最后输出解密结果消息 m 或者输出错误符号⊥（表示解密无效）。

$\text{ReEncrypt}(\text{kFrag}, C)$：输入一个重加密密钥片段 kFrag 和一个密文 $C = (\text{capsule}, \text{encData})$，应用 ReEncapsulate 算法重封装 capsule，得到一个 cFrag，输出重加密密文 $C' = (\text{cFrag}, \text{encData})$。

$\text{DecryptFrags}\left(\text{sk}_B, \{C_i'\}_{i=1}^{t}\right)$：输入私钥 sk_B 和一组 t 个重加密密文 $C_i' = (\text{cFrag}_i, \text{encData})$，首先，用 DecapsulateFrags 算法解封 cFrag_i，得到密钥 K；其次，用 AEAD 的解密算法解密密文 encData，其密钥为 K，相关数据为 capsule；最后，输出解密结果消息 m 或者输出错误符号⊥（表示解密无效）。注意，对称加密密文 encData 对于所有的 C_i' 都是一样的，其中，C_i' 都是由相同的密文 C 重加密得到的。

2.3 同态加密

2.3.1 概念与理论介绍

1. 概念介绍

同态加密（Homomorphic Encryption，HE）是密码学界在很久之前提出的一个 Open Problem。早在 1978 年，Ron Rivest、Leonard Adleman 及 Michael L. Dertouzos 就以银行为应用背景提出了这个概念。第一个构造出全同态加密（Fully Homomorphic Encryption，FHE）的 Craig Gentry 给出了最好的直观定义：“A way to delegate processing of your data, without giving away access to it.”

一般的加密方案关注的都是数据存储安全，即在对数据进行加密后进行发送或存储，没有密钥的用户，不可能从加密结果中得到有关原始数据的任何信息。只有拥有密钥的用户才能够正确解密，得到原始的内容。我们注意到，在这个过程中用户是不能对加密结果进行任何操作的，只能对其进行存储、传输。对加密结果进行任何操作，都会导致错误的解密，甚至导致解密失败。

与一般的加密方案不同，同态加密方案关注的是数据处理安全。同态加密提供了一种对加密数据进行处理的功能。也就是说，其他人可以对加密数据进行处理，但是在处理过程中不会泄露任何原始内容。同时，拥有密钥的用户对处理过的加密数据进行解密后，得到的恰好是原数据处理后的结果。

2．同态加密相关定义

我们基于云计算应用场景进行介绍，云计算中的同态加密如图 2-3-1 所示，其中，CT 表示密文（Ciphertext）。

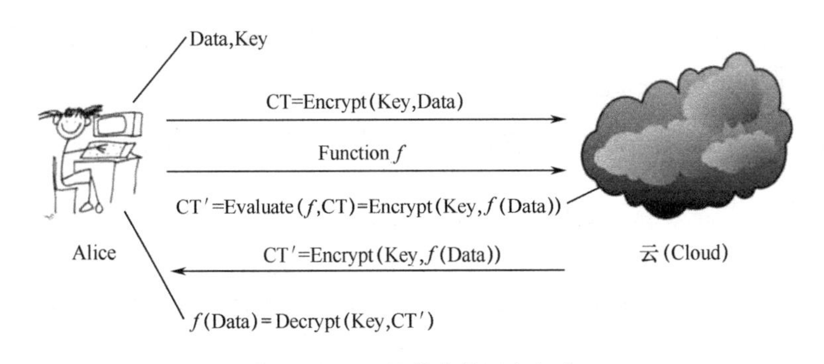

图 2-3-1　云计算中的同态加密

Alice 通过 Cloud，以同态加密处理数据的整个过程大致如下。

（1）Alice 对数据进行加密，并把加密后的数据发送给 Cloud；

（2）Alice 向 Cloud 提交数据的处理方法，这里用函数 $f()$来表示；

（3）Cloud 在函数 $f()$下对数据进行处理，并将处理后的结果发送给 Alice；

（4）Alice 对数据进行解密，得到结果。

据此，我们可以很直观地得到一个 HE 方案的定义：

同态加密方案 HE=(HE.KeyGen,HE.Enc,HE.Dec,HE.Ewal)，其由下面四个概率多项式算法组成。

（1） $\text{HE.KeyGen}(1^\lambda)$：同态密钥生成算法，输入安全参数 λ，计算并输出 $(\text{sk},\text{pk},\text{evk}) \leftarrow \text{HE.KeyGen}(1^\lambda)$，其中，sk 是私钥，pk 是公钥，evk 是同态计算密钥。

（2）$\text{HE.Enc}(\mu,\text{pk})$：同态加密算法，输入明文 μ 与公钥 pk，计算并输出密文 $c \leftarrow \text{HE.Enc}(\mu,\text{pk})$。

（3）$\text{HE.Dec}(c,\text{sk})$：同态解密算法，输入私钥 sk 和密文 c，计算并输出明文 $\mu \leftarrow \text{HE.Dec}(c,\text{sk})$。

（4）$\text{HE.Eval}(f,\text{evk},c_1,\cdots,c_t)$：同态计算算法，输入同态计算密钥 evk，一组密文 $c_1,\cdots,c_t$ 及同态计算函数 f，计算并输出一个密文 $c_f \leftarrow \text{HE.Eval}(f,\text{evk},c_1,\cdots,c_t)$。

3．同态加密的特性

（1）正确性。

对于任意同态密钥生成算法生成的公私钥对(pk, sk)、任意电路 C、任意明文 $m_1,\cdots,m_t$ 和任意密文 $c=c_1,\cdots,c_t$（其中，$c_i \leftarrow \text{HE.Enc}(m_i)$），若有 $c' \leftarrow \text{HE.Eval}(\text{pk},C,c)$，则 $\text{HE.Dec}(\text{sk},c') \rightarrow C(m_1,\cdots,m_t)$ 成立，称该同态加密方案对于电路 C 是正确的。

（2）紧致性。

设 HE 为任意的同态加密方案，如果存在一个多项式 $s=s(\lambda)$ 使得 $\text{HE.Eval}(\cdots)$ 输出的密文长度最多为 n 比特，与函数 f 和输入的密文个数没有关系，则称 HE 方案具有紧致性。

（3）安全性（IND-CPA 安全）。

设 HE 为任意的同态加密方案，HE 的明文空间为 $\mathbb{Z}_p$，m_1 与 m_2 是 $\mathbb{Z}_p$ 上任意两个不同明文，如果对于任何多项式时间的敌手 $\mathcal{A}$，均有 $\text{Adv}_{\text{CPA}}[\mathcal{A}] \triangleq \left|\Pr\left[\mathcal{A}\left(\text{pk},\text{evk},\text{HE.Enc}_{\text{pk}}(m_1)\right)=m_1\right]-\Pr\left[\mathcal{A}\left(\text{pk},\text{evk},\text{HE.Enc}_{\text{pk}}(m_2)\right)=m_2\right]\right|=\text{negl}(\lambda)$ 成立，其中 $(\text{pk},\text{evk},\text{sk}) \leftarrow \text{HE.KeyGen}(1^\lambda)$，则称 HE 方案是 IND-CPA 安全的。

4．*C*-同态

设 HE 为任意的同态加密方案，$C=\{C_\lambda\}_{\lambda\in N}$ 是一个 GF(2)上的算术电路集合。如果对于任意的电路序列 $f_\lambda \in C_\lambda$ 和输入 $m_1,\cdots,m_\ell \in \{0,1\}$，其中 $\ell=\ell(\lambda)$，满足 $\Pr\left[\text{HE.Dec}_{\text{sk}}\left(\text{HE.Eval}_{\text{evk}}(f,c_1,\cdots,c_\ell)\right) \neq f(m_1,\cdots,m_\ell)\right]=\text{negl}(\lambda)$，其中，$(\text{pk},\text{evk},\text{sk}) \leftarrow \text{HE.KeyGen}(1^\lambda)$，$c_i \leftarrow \text{HE.Enc}_{pk}(m_i), i\in[\ell]$，则称同态加密方案 HE 是 C-同态的。

5. 同态加密分类

（1）加法同态加密。

设 HE 为任意的同态加密方案，如果 HE 具有明文与密文之间的加法同态性质，并且支持有限电路深度的同态运算，则称 HE 是加法同态加密方案。

（2）乘法同态加密。

设 HE 为任意的同态加密方案，如果 HE 具有明文与密文之间的乘法同态性质，并且支持有限电路深度的同态运算，则称 HE 是乘法同态加密方案。

（3）部分同态加密（Somewhat Homomorphic Encryption，SWHE）。

设 HE 为任意的同态加密方案，如果 HE 具有明文与密文之间的加法与乘法同态性质，并且支持有限电路深度的同态运算，则称 HE 是 SWHE 方案。

（4）全同态加密（FHE）。

设 HE 为任意的同态加密方案，对于 GF(2)上的所有算术电路，HE 均是 C-同态的，并且同时满足紧致性，则称 HE 为 FHE 方案。

（5）层次型全同态加密（Leveled FHE，LFHE）。

设 HE 为任意的同态加密方案，如果 HE 的 HE.KeyGen 算法有额外的输入 1^L，即 $(\mathrm{pk},\mathrm{evk},\mathrm{sk}) \leftarrow \mathrm{HE.KeyGen}(1^\lambda,1^L)$，并且对 GF(2)上的所有电路深度不大于 L 的算术电路 C，HE 均是 C-同态的，并且同时满足紧致性，则称 HE 为 LFHE 方案。

6. 构造 FHE 的思路

一般来说，构造 FHE 有以下两种思路。

（1）基于计算机原理考虑。

计算机的所有运算归根到底都是位运算。一个计算机只要支持逻辑与（AND）运算、异或（XOR）运算，那么这个计算机在理论上就可以实现计算机的其他运算了（我们称之为图灵完备性，即 Turing Completeness）。

（2）基于抽象代数考虑。

我们只需利用加法和乘法就可以完成全部运算。严格来讲，只要我们在一个域（Field）上构造 HE，在理论上就可以支持所有的函数 f。

2.3.2 同态加密技术的发展概况

FHE 发展现状如图 2-3-2 所示。

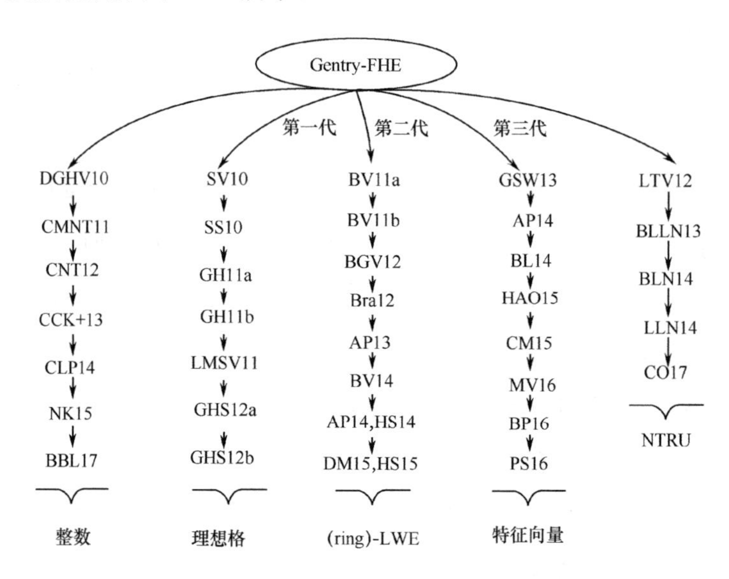

图 2-3-2 FHE 发展现状

构造全同态加密（FHE）方案的困难主要分为如下两大类。

（1）基于整数的近似最大公约数（Approximate Greatest Common Divisor，AGCD）问题。

（2）基于格的问题。

① 基于理想格，以 Gentry 方案为代表的第一代 FHE 方案；

② 基于 LWE 假设，利用模数转换、密钥交换等技术完成的第二代 FHE 方案；

③ 基于 LWE 假设，利用近似特征向量实现的第三代 FHE 方案；

④ 基于 NTRU 假设，利用密钥交换技术实现的 FHE 方案。

2.3.3 部分同态加密算法的设计与实现

1. RSA 算法

（1）密钥生成算法。

随意选择两个大的质数 p 和 q，p 不等于 q，计算 $N = pq$。根据欧拉函数，

求得 $r=(p-1)(q-1)$。选择一个小于 r 的整数 e，求得 e 关于模 r 的模逆元素（当且仅当 e 与 r 互质时，模逆元素存在），命名为 d，将 p 和 q 的记录销毁。(N,e) 是公钥，(N,d) 是私钥。

（2）加密算法。

假设 Bob 想给 Alice 送一个消息 m，他知道 Alice 产生的 N 和 e。他使用与 Alice 提前约定好的格式将 m 转换为一个小于 N 的整数 n，例如，他可以将每个字转换为这个字的 Unicode 码，然后将这些数字连在一起组成一个数字。假如他的信息非常长，他可以将这个信息分为几段，然后将每段转换为一个整数；或者他可以将 n 加密为 c，即 $n^e \equiv c(\bmod N)$，Bob 算出 c 后就可以将它传递给 Alice。

（3）解密算法。

Alice 在得到 Bob 的消息 c 后就可以利用密钥 d 来解码。Alice 可以将 c 转换为 n，即 $c^d \equiv n(\bmod N)$，在得到 n 后，Alice 可以将原来的信息 m 复原。

（4）乘法同态性。

对于明文 m_1 和 m_2，加密后密文为 $c_1 = m_1^e(\bmod N)$ 和 $c_2 = m_2^e(\bmod N)$，则 $c_1c_2(\bmod N) = m_1^e m_2^e(\bmod N) = (m_1m_2)^e(\bmod N)$，解密后即为 m_1m_2。

2. ElGamal 算法

（1）密钥生成算法。

利用生成元 g 生成一个 q 阶循环群 G，从 $\{1,2,\cdots,q-1\}$ 中随机选择一个 x，计算 $h=g^x$。公开公钥 $\mathrm{pk}=(h,G,q,g)$，保留私钥 sk=x。

（2）加密算法。

对于消息 m，从 $\{1,2,q-1\}$ 中随机选择一个 y，然后计算 $c_1 = g^y$。计算共享秘密 $s=h^y=g^{xy}$。把消息 m 映射到 G 上的一个元素 m'，计算 $c_2 = m's$，生成密文 $c=(c_1,c_2)=(g^y,m'h^y)=(g^y,m'g^{xy})$。如果一个人知道了 m'，那么他很容易就能知道 h^y 的值。因此，对每条信息都产生一个新的 y 可以提高安全性，所以 y 也被称为临时密钥。

（3）解密算法。

利用私钥 x 对密文 (c_1,c_2) 进行解密，过程如下：

计算共享秘密 $s=c_1^x$，计算 $m'=c_2s^{-1}$，并将其映射回明文 m。其中，s^{-1} 是 s 在群 G 上的逆元。解密算法是能够正确解密出明文的，因为 $c_2s^{-1}=m'ss^{-1}=m'$。

（4）乘法同态性。

对于明文 m_1 和 m_2，其密文为 $c_1=(g^{y_1},m_1h^{y_1})$ 和 $c_2=(g^{y_2},m_2h^{y_2})$，则 $c_1c_2=(g^{y_1},m_1h^{y_1})(g^{y_2},m_2h^{y_2})=(g^{y_1+y_2},m_1m_2h^{y_1+y_2})$，解密后即为 m_1m_2。

3．Paillier 算法

（1）密钥生成算法。

选择两个大素数 p、q，满足 $\gcd(pq,(p-1)(q-1))=1$；计算 $n=pq$，$\lambda=\mathrm{lcm}(p-1,q-1)$，其中，gcd()为最大公约数函数，lcm()为最小公倍数函数。定义 $L(x)=(x-1)/n$；随机选一个小于 n^2 的正整数 g，并且存在 $\mu=\left(L(g^{\lambda}\bmod n^2)\right)^{-1}\bmod n$。于是，公钥为 (n,g)，私钥为 (λ,μ)。

（2）加密算法。

明文 m 是大于等于 0 且小于 n 的正整数，随机选择 r 满足 $0<r<n$ 且 $r\in\mathbb{Z}_{n^2}^*$。其中，$r\in\mathbb{Z}_{n^2}^*$ 指 r 在 n^2 的剩余系下存在乘法逆元。计算密文 $c=g^mr^n\bmod n^2$。

（3）解密算法。

已知密文 $c=g^mr^n\bmod n^2$，计算明文 $m=\mu L(c^{\lambda}\bmod n^2)\bmod n$。

（4）加法同态性。

对于明文 m_1 和 m_2，密文为 $c_1=g^{m_1}r_1^n\bmod n^2$ 和 $c_2=g^{m_2}r_2^n\bmod n^2$，则 $c_1c_2=(g^{m_1}r_1^n)(g^{m_2}r_2^n)\bmod n^2=g^{m_1+m_2}(r_1r_2)^n\bmod n^2$，解密后即为 m_1+m_2。

2.3.4 全同态加密算法的设计与实现

1．DGHV10 算法

（1）方案参数。

安全参数为 λ，参数取值为 $\rho=\lambda$，$\rho'=2\lambda$，$\eta=\tilde{O}(\lambda^2)$，$\gamma=\tilde{O}(\lambda^5)$，$\tau=\gamma+\lambda$，

$\kappa = \gamma\eta / \rho'$，$\theta = \lambda$，$\Theta = \omega(\kappa\log\lambda)$。对于一个奇整数 p，使用如下关于γ位整数的分布：

$$D(p) = \{\ x = qp + r | q \leftarrow \mathbb{Z} \cap \left[\left(0, \frac{2^{\gamma}}{\rho}\right), r \leftarrow \mathbb{Z} \cap (-2^{\rho}, 2^{\rho})\right]\}。$$

（2）密钥生成算法：KeyGen(1^{λ})。

生成一个η位的奇整数p，对于$1 \leqslant i \leqslant \tau$，从$D(p)$中选取整数$x_i$，得到$\tau$个数的序列。对该序列重新标注，使得 x_0 是最大的。如果 x_0 不是奇数，并且（$x_0 \bmod p$）不是偶数，则重新生成。令$\mathrm{pk}^* = (x_0, \cdots, x_{\tau})$，$\mathrm{sk}^* = p$，$x_p \leftarrow 2^k / p$，然后随机选择一个长度为 Θ 的位向量 $\boldsymbol{s} = s_1, \cdots, s_{\Theta}$，其汉明重量为$\theta$，令 $S = \{i : s_i = 1\}$。随机选择整数 $u_i = \mathbb{Z} \cap \left[0, 2^{\kappa+1}\right)$（$i = 1, \cdots, \Theta$），满足 $\sum_{i \in S} u_i = x_p (\bmod 2^{\kappa+1})$。令 $y_i = u_i / 2^{\kappa}$，则有 $\boldsymbol{y} = y_1, \cdots, y_{\Theta}$，$\left(\sum_{i \in S} y_i\right) \bmod 2 = (1/p) - \Delta_p$，其中$\left|\Delta_p\right| < 2^{-\kappa}$。输出密钥$\mathrm{sk} = \boldsymbol{s}$和公钥$\mathrm{pk} = (\mathrm{pk}^*, \boldsymbol{y})$。

（3）加密算法：Encrypt(pk, m)。

随机选择一个子集 $S' \subseteq \{1, 2, \cdots, \tau\}$，随机数 $r \in (-2^{\rho'}, 2^{\rho'})$，然后输出密文 $c^* = \left(m + 2r + 2\sum_{i \in S'} x_i\right) \bmod x_0$。令 $z_i \leftarrow (c^*, y_i)$，对于每个 z_i 的二进制表示只保留小数点后的（$n = \lceil \log\theta \rceil + 3$）位，输出密文$c^*$和 z_i。

（4）密文计算算法：Evaluate(pk, C，$c_1^*, \cdots, c_t^*$)。

给一个有t个输入位的电路C及t个密文c_i^*，应用 C 中的加法和乘法门电路对密文进行计算，所做的操作都是在整数上进行的，然后返回计算结果（整数）。

（5）解密算法：Decrypt(sk, c^*, z_i)。

输出 $m \leftarrow \left(c^* - \sum_i s_i z_i\right) \bmod 2$。

2. BGV12 算法

BGV12 算法采用模交换技术与密钥交换技术，是一种无须启动的层次型全同态方案。其思想是在每次密文计算后先利用密钥交换技术将膨胀的密文乘积转换为一个新密文（新密文的维数与原密文相同），从而进入下一层电路进行计算，然后通过模交换技术约减密文的噪声。

BGV 方案既可以建立在 LWE 上，也可以建立在 ring-LWE 上，ring-LWE 上的全同态加密方案比 LWE 上的方案效率要高，下面阐述 ring-LWE 上的方案。令 $R=Z[x]/(x^d+1)$，其中 d 是 x 的幂，则 $R_q=R/qR$。

（1）初始化设置：setup(1^λ，1^L)。

对于 $j=L$ 到 $j=0$，生成参数 params_j，该参数包括一个递减的模序列 q_L 到 q_0，以及分布 χ_j、环维数 d_j，正整数 $N=\lceil(2n+1)\log q\rceil$。

（2）密钥生成算法：$\text{KeyGen}(\{\text{params}_j\})$。

对于 $j=L$ 到 $j=0$，生成每层的私钥 $\boldsymbol{s}_j\in R_q^2$ 和公钥 $A_j\in R_q^{N\times2}$，令 $\boldsymbol{s}_j'\leftarrow\boldsymbol{s}_j\otimes\boldsymbol{s}_j$，以及 $\tau(\boldsymbol{s}_{j+1}'\to\boldsymbol{s}_j)\leftarrow\text{switchKeyGen}(\boldsymbol{s}_{j+1}',\boldsymbol{s}_j)$。密钥 $\text{sk}=(\boldsymbol{s}_0,\cdots,\boldsymbol{s}_L)$，公钥 $\text{pk}=(A_0,\cdots,A_L,\tau(\boldsymbol{s}_1''\to\boldsymbol{s}_0),\cdots,\tau(\boldsymbol{s}_L''\to\boldsymbol{s}_{L-1}))$。

（3）加密算法：$\text{Encrypt}(\text{params},\text{pk},m)$。

取 $m\in R_2$，令 $\boldsymbol{m}\leftarrow(m,0)\in R_2^2$，选取 $\boldsymbol{r}\leftarrow R_2^N$，输出密文 $\boldsymbol{c}\leftarrow\boldsymbol{m}+A_L^T\boldsymbol{r}\in R_q^2$。

（4）解密算法：$\text{Decrypt}(\text{params},\text{sk},c)$。

假设密文的密钥是 $\boldsymbol{s}_j$，输出明文 $\boldsymbol{m}\leftarrow(\boldsymbol{c},\boldsymbol{s}_j\bmod q)\bmod 2$。

（5）密文计算算法：$\text{Evaluate}(\text{pk},\boldsymbol{c}_1,\boldsymbol{c}_2)$。

假设 $\boldsymbol{c}_1$ 和 $\boldsymbol{c}_2$ 都在同一层电路上，即对应同一个密钥 $\boldsymbol{s}_j$，如果不在同一层电路上，用 Refresh 算法进行更新。

同态加法 $\text{Add}(\text{pk},\boldsymbol{c}_1,\boldsymbol{c}_2)$：令 $\boldsymbol{c}_3\leftarrow\boldsymbol{c}_1+\boldsymbol{c}_2\bmod q_j$，$\boldsymbol{c}_3$ 对应的密钥为 $\boldsymbol{s}_j'$，输出 $\boldsymbol{c}_4\leftarrow\text{Refresh}(\boldsymbol{c}_3,\tau(\boldsymbol{s}_j'\to\boldsymbol{s}_{j-1}),q_j,q_{j-1})$。

同态乘法 $\text{Mult}(\text{pk},\boldsymbol{c}_1,\boldsymbol{c}_2)$：令 $\boldsymbol{c}_3\leftarrow\boldsymbol{c}_1\times\boldsymbol{c}_2\bmod q_j$，$\boldsymbol{c}_3$ 对应的密钥为 $\boldsymbol{s}_j'$，输出 $\boldsymbol{c}_4\leftarrow\text{Refresh}(\boldsymbol{c}_3,\tau(\boldsymbol{s}_j'\to\boldsymbol{s}_{j-1}),q_j,q_{j-1})$。

（6）密文刷新算法：$\text{Refresh}(\boldsymbol{c}_3,\tau(\boldsymbol{s}_j'\to\boldsymbol{s}_{j-1}),q_j,q_{j-1})$。

该过程先进行密钥交换（维数约减，进入下一层电路），再进行模交换（约减噪声）。过程如下：

① 密钥交换。$\boldsymbol{c}_1 \leftarrow \text{SwitchKey}\left(\tau(\boldsymbol{s}_j' \rightarrow \boldsymbol{s}_{j-1}), \boldsymbol{c}, n_1, n_2, q_j\right)$，$\boldsymbol{c}_1$ 对应的密钥是 $\boldsymbol{s}_{j-1}$ 和模 q_j。

② 模交换。$\boldsymbol{c}_2 \leftarrow \text{scale}(\boldsymbol{c}_1, q_j, q_{j-1}, 2)$，$\boldsymbol{c}_2$ 对应的密钥是 $\boldsymbol{s}_j'$ 和模 q_{j-1}。

3．GSW13 算法

2013 年 8 月，Gentry 在 Crypto 会议上提出了一个基于近似特征向量的全同态加密新方案，即 GSW13。该方案的一个最大特点就是解决了密文乘积所带来的密文维数膨胀问题（该方案的密文是矩阵，矩阵的乘积并不会导致矩阵维数的改变），从而避免了使用密钥交换技术。尽管密钥交换技术直接导致了 LWE 上的全同态加密方案的出现，但是使用密钥交换技术的代价是巨大的，需要在公钥中加入许多用于密钥交换的矩阵，而且在每次密文计算后都需要进行密钥交换计算。

GSW13 方案具体如下。

（1）系统初始化算法：$\text{Setup}(1^k, 1^L)$。

① 选择 $\kappa = \kappa(k, L)$ 比特的一个模 q、格维数 $n = n(k, L) \in \mathbb{N}$、参数 $m = m(k, L) = O(n\log q)$，以及 $\mathbb{Z}$ 上的满足 LWE 问题的误差分布 $\chi = \chi(\lambda, L)$。

② 输出参数 $\text{params} = (n, q, \lambda, m)$。令 $\ell = \lfloor \log q \rfloor + 1$ 且 $N = (n+1)\ell$。

（2）密钥生成算法：$\text{KeyGen}(\text{params})$。

① 均匀选取 $\boldsymbol{t} = (t_1, \cdots, t_n)^{\text{T}} \leftarrow \mathbb{Z}_q^n$ 并计算

$$\boldsymbol{s} \leftarrow (1, -\boldsymbol{t}^{\text{T}})^{\text{T}} = (1, -t_1, \cdots, -t_n)^{\text{T}} \in \mathbb{Z}_q^{n+1}$$

② 均匀选取随机公共矩阵 $\boldsymbol{B} \leftarrow \mathbb{Z}_q^{m\times n}$ 和一个误差向量 $\boldsymbol{e} \leftarrow \chi^m$。

③ 计算向量 $\boldsymbol{b} = \boldsymbol{Bt} + \boldsymbol{e} \in \mathbb{Z}_q^m$，并构造矩阵 $\boldsymbol{A} = (\boldsymbol{b} \mid \boldsymbol{B}) \in \mathbb{Z}_q^{m\times(n+1)}$，于是有

$$\boldsymbol{As} = \left(\boldsymbol{b}|\boldsymbol{B}\right)\boldsymbol{s} = \left(\boldsymbol{Bt} + \boldsymbol{e}|\boldsymbol{B}\right)\begin{pmatrix} 1 \\ -\boldsymbol{t} \end{pmatrix} = \boldsymbol{Bt} + \boldsymbol{e} - \boldsymbol{Bt} = \boldsymbol{e}$$

④ 令 $\boldsymbol{v} = \text{PowersOf}\,2(\boldsymbol{s}) = (1, 2, \cdots, 2^n)^{\text{T}}$。

⑤ 输出私钥 $\text{sk} = \boldsymbol{s}$ 及公钥 $\text{pk} = \boldsymbol{A}$。

（3）加密算法：$\text{Encrypt}(\text{params}, \text{sk}, \boldsymbol{C})$。

① 选取一个均匀矩阵 $\boldsymbol{R} \in \{0,1\}^{N\times m}$。

② 输出对单比特明文 $\boldsymbol{m}\in\{0,1\}$ 加密后的密文形式：

$$\boldsymbol{C}=\text{flatten}\left(m\times\boldsymbol{I}_N+\text{bitDecomp}(R\times A)\right)\in\mathbb{Z}_q^{m\times n}$$

（4）解密算法：Decrypt(params, sk, $\boldsymbol{C}$)。

① $\boldsymbol{v}$ 的前 l 个元素是 $1,2,\cdots,2^{l-1}$，在这些元素中取 $v_i=2^i\in\left(\dfrac{q}{4},\dfrac{q}{2}\right]$。

② 令 $\boldsymbol{C}_i$ 是 $\boldsymbol{C}$ 的第 i 行，计算 $x_i=\boldsymbol{C}_i\boldsymbol{v}$，输出「$x_i/v_i$」。

2.4 安全多方计算

2.4.1 概念与理论介绍

1. 概念介绍

安全多方计算（Secure Multi-party Computation，SMC）源于1982年姚期智的百万富翁问题。SMC解决了一组互不信任的参与方之间隐私保护的协同计算问题。SMC要确保输入的独立性和计算的正确性，同时不向参与计算的其他成员泄露各输入值。针对在无可信第三方的情况下，如何安全地计算一个约定函数的问题，SMC在电子选举、电子投票、电子拍卖、秘密共享、门限签名等场景中有着重要的作用。

SMC框架如图2-4-1所示。

当一个 SMC 任务发起时，枢纽节点传输网络及信令控制，每个数据持有方可发起协同计算任务。通过枢纽节点进行路由寻址，选择具有相似数据类型的其余数据持有方进行安全的协同计算。参与协同计算的多个数据持有方的 SMC 节点根据计算逻辑，从本地数据库中查询所需数据，共同就 SMC 计算任务在数据流间进行协同计算。在保证输入隐私性的前提下，各方得到正确的数据反馈，在整个过程中，本地数据没有泄露给任何其他参与方。

2. 特性

安全多方计算理论主要研究参与者间协同计算及隐私保护问题，其特点包括输入隐私性、计算正确性及去中心化。

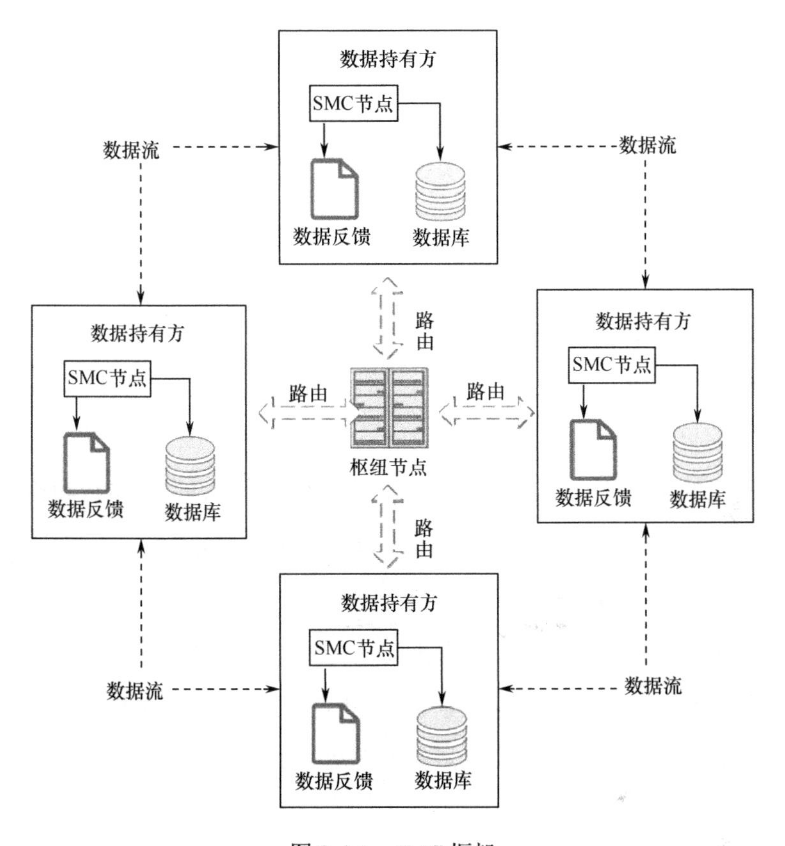

图 2-4-1　SMC 框架

（1）输入隐私性。

安全多方计算研究的是各参与方在协同计算时如何对各方隐私数据进行保护，重点关注各参与方之间的隐私安全问题，即在安全多方计算过程中必须保证各方私密输入独立，在计算时不泄露本地任何数据。

（2）计算正确性。

多方计算参与各方就某一约定计算任务，通过约定安全多方计算协议进行协同计算。在计算结束后，各方得到正确的数据反馈。

（3）去中心化。

传统的分布式计算由中心节点协调各用户的计算进程，收集各用户的输入信息。而在安全多方计算中，各参与方地位平等，不存在任何有特权的参与方或第三方，提供了一种去中心化的计算模式。

3. 分类

安全多方计算可归为两类：一类是基于噪声的方法，另一类是非噪声方法。

（1）基于噪声的方法。

基于噪声的方法，最主要的代表是差分隐私（Differential Privacy）。这类方法的思想是，用噪声干扰计算过程，让原始数据淹没在噪声中，使别有用心者无法从得到的结果中反推原始数据。这就好像我们拿到一张打了马赛克的图片，虽然可能可以猜出大致形状，但很难知道马赛克后面的所有细节。

需要注意的是，这个噪声既可以是数据源，也可以是模型参数和输出。也就是说，参与方既可以对自己的原始数据加噪声，使得原始数据不会在计算过程中出现；也可以在模型训练时，通过改变模型参数影响输出结果；还可以直接在输出暴露前在输出上加噪声，从而使得无法从计算结果反推输入。这种方法的优点是效率高（毕竟只需要生成服从特定分布的随机数），缺点是最后得到的结果不够准确，而且在复杂的计算任务中，结果会和无噪声的结果相差很大，导致结果无法使用。

（2）非噪声方法。

非噪声方法一般通过密码学方法将数据编码或加密，得到一些奇怪的数字，而且这些奇怪的数字有一些神奇的性质，如看上去很随机但其实保留了原始数据的线性关系，或者顺序明明被打乱，但人们却能从中很容易地找到与原始数据的映射关系。

这类方法主要包括三种：混淆电路（Garbled Circuit）、同态加密（Homomorphic Encryption）和秘密分享（Secret Sharing）。这些方法一般在源头上把数据进行加密或编码，计算操作方看到的都是密文，因此只要特定的假设条件满足，这类方法在计算过程中是不会泄露信息的。

相对前一类基于噪声的方法，这类方法的优点是不会干扰计算过程，因此我们最终得到的是准确值，并且有密码学理论的加持，安全性有保障；缺点则由于使用了很多密码学方法，在整个过程中，无论是计算量还是通信量都非常庞大，对于一些复杂的任务（如训练上百层的 CNN 等），在短时间内可能无法完成。

2.4.2　安全多方计算的分类

安全多方计算技术可以从参与方个数和计算场景两个角度来描述。

1. 按参与方个数区分

安全多方计算技术分为安全两方计算和安全多方计算，两者之间存在本质区别。

（1）安全两方计算。

主流的安全两方计算框架的核心是采用混淆电路（Garbled Circuit）和不经意传输（Oblivious Transfer）这两种密码学技术。

一方将需要计算的逻辑转换为布尔电路，再将布尔电路中的每个门进行加密和扰乱。在完成此操作后，该参与方将混淆电路及与其输入相关的标签（另一方无法从标签中反推输入的信息）发送给另一方。另一方（作为接收方）通过不经意传输按照其输入选取标签，并在此基础上对混淆电路进行解密，从而获取计算结果。

（2）安全多方计算。

通用的安全多方计算框架可以让多方安全地计算任意函数或某类函数的结果。自 1986 年姚期智提出第一个通用的安全多方计算框架（常被称为 Yao’s 加密电路）以来，陆续出现了 BMR、GMW、BGW、SPDZ 等多个安全多方计算框架。如今，每年仍有大量的研究工作在改进和优化这些安全多方计算框架。这些安全多方计算框架涉及混淆电路、秘密分享、同态加密、不经意传输等多种密码学技术。这些密码学技术的进步也在推动安全多方计算框架的进步。

以秘密分享为例，每个参与方在本地对其输入进行秘密分享，将输入随机分成多个片段，并将相应片段分发给其他参与方。在安全多方计算框架中，同样将计算的逻辑表示成布尔电路或算数电路，并逐个电路门进行计算。

2. 按计算场景区分

安全多方计算技术的计算场景分为特定场景和通用场景。

（1）特定场景。

特定场景指针对特定的计算逻辑（如比较大小）确定双方交集等。具体场景可以采用多种密码学技术来设计 SMC 协议。

（2）通用场景。

通用场景是指安全多方协议的设计要具有完备性，可以在理论上支持任何计算场景。目前采用的方法主要是混淆电路、不经意传输及同态加密。

通用的安全两方计算已经具备了商用的条件；安全多方计算在某些特定场景下也已经没有太多的性能瓶颈；而通用计算协议在可扩展层面依然不成熟，这也是学术界一直在探索的方向。

2.4.3 典型应用场景分析

1．数据处理

（1）数据可信交换。

安全多方计算理论为不同机构提供了一套构建在协同计算网络中的信息索引、查询、交换和数据跟踪的统一标准，可实现机构间数据的可信互联互通，解决数据安全性、隐私性问题，大幅减少和降低数据信息交易摩擦和交易成本，为数据拥有方和需求方提供有效的对接渠道，形成互惠互利的交互服务网络。

（2）数据安全查询。

数据安全查询问题是安全多方计算的重要应用领域。使用安全多方计算技术能保证数据查询方仅得到查询结果，但对数据库中的其他记录信息不可知。同时，拥有数据库的一方不知道用户具体的查询请求。

（3）联合数据分析。

随着大数据技术的发展，社会活动产生的数据急剧增加。敏感信息数据的收集、跨机构的合作及跨国公司的经营运作等给传统数据分析算法提出新的挑战，已有的数据分析算法可能会导致隐私暴露，数据分析中的隐私和安全性问题得到极大的关注。将安全多方计算技术引入传统的数据分析领域，能够在一定程度上解决此问题，其主要目的是改进已有的数据分析算法，通过多方数据源协同分析计算，使得敏感数据不被泄露。

2．应用场景

（1）多头借贷问题。

两个网贷公司 *A* 和 *B* 都想知道借款人是否在对方公司借款了，但他们又不想让对方知道借款人的信息。

（2）百万富翁问题。

两个百万富翁 Alice 和 Bob 都想知道他们两个谁更富有，但他们都不想让对方知道自己财富的任何信息，这就是百万富翁问题。百万富翁问题是由姚期智提出的，有具体实现方案。

（3）安全电子选举问题。

电子选举方案需要满足选票保密性、无收据性、健壮性、公平性和普遍验证性等性质。整个选举方案没有可信第三方，任何投票人都可以计票，比一般的方案具有更强的安全性，有具体解决方案。

（4）遗传病诊断。

Alice 认为她得了某种遗传病，想验证自己的想法。正好她知道 Bob 有一个关于疾病的 DNA 模型的数据库。如果她把自己的 DNA 样品寄给 Bob，那么 Bob 可以给出她的 DNA 的诊断结果。但是 Alice 又不想别人知道，因为这是她的隐私。所以，她请求 Bob 帮忙诊断自己 DNA 的方式是不可行的。因为这样 Bob 就知道了她的 DNA 及相关私人信息。

（5）业务合作。

在经过一次调查后，*A* 公司决定扩展在某些地区的市场份额来获取丰厚的回报。同时，*A* 公司注意到 *B* 公司也在扩展一些地区的市场份额。在策略上，两个公司都不想在相同地区竞争，所以他们都想在不泄露市场地区位置信息的情况下知道他们的市场地区是否有重叠（信息的泄露可能会导致公司产生很大的损失。如另一个对手公司知道 *A* 公司和 *B* 公司的扩展地区，提前占领市场；又如房地产

公司知道 A 公司和 B 公司的扩展计划，提前提高当地的房租等）。所以，他们需要一种方法在保证私密的前提下解决这个问题。

（6）电子拍卖。

在进行电子拍卖时，各方依赖拍卖服务器的安全性来进行拍卖活动，但是在实际中，会出现投标者不愿意泄露投标价、各方对拍卖行不信任的情况。而安全多方计算技术的加入则使得电子拍卖成为现实，大部分方案都采取了可验证秘密共享协议或者使用了其思想，具备灵活性、保密性、鲁棒性和可验证性。

（7）联合数据查询。

以音乐版权为例，国内各大音乐平台的资源不尽相同，使得资源共享的壁垒不断抬高，这对音乐人、用户和音乐平台自身来说都是一种阻碍。在保障平台私密数据的同时，寻找有效的资源共享方法成为亟须解决的问题。安全多方计算可以解决这个问题，在不同数据库资源共享时，多个数据库联合进行数据查询，且不泄露单方信息。

2.5 环签名

2.5.1 概念与理论介绍

1. 概念介绍

环签名是特殊的群签名，在这种群签名技术中，没有可信第三方的存在，签名者在签名时随机选取其他若干公钥，再结合自己的公私钥对、随机数及其他技术手段完成签名。而对签名验证方来说，他只知道签名者来自这个签名集合，而无法判断具体是哪个签名者。尤其对于一些需要长期保护的信息，具有无条件匿名性的环签名技术将发挥重要的作用。

2. 环签名定义

假设系统中存在 n 个用户 $\{u_1,u_2,\cdots,u_n\}$，每个用户 u_i 对应一个公私钥对 $\{y_i,x_i\}$。环签名最大的特点就是无条件匿名，在很多场景中都适用，其主要算法有密钥生成算法、签名算法、验证算法，下面分别进行介绍。

（1）密钥生成算法（GenKey）。

这是一个概率多项式时间（PPT）算法，对于每个用户 u_i，输入安全参数 k_i，则输出相应的公私钥对 $\{y_i,x_i\}$，并且不同用户的公私钥可能来自不同的公钥体制。

（2）签名算法（Sign）。

这是一个 PPT 算法，输入消息 m 和 n 个参与环签名的成员的公钥集合 $\{y_1, y_2,\cdots,y_n\}$ 及其他一些参数，最重要的是真实签名者 u_s 的私钥 x_s，以及输出对消息 m 的签名 R，其中 R 中的某个参数根据一定的规则呈环状。

（3）验证算法（Verify）。

这是一个确定性算法，输入消息和对应签名的信息对 (m,R)，如果签名 R 是消息 m 的环签名，则输出 true，否则输出 false。

3．安全性需求

（1）正确性。

如果按照正确的签名步骤对消息进行签名，那么输出的环签名满足环签名验证等式。

（2）无条件匿名性。

攻击者即使非法获取了所有可能签名者的私钥，他能确定出真正的签名者的概率不超过 $1/n$，这里 n 为环成员（可能签名者）的个数。

（3）不可伪造性。

外部攻击者在不知道任何成员私钥的情况下，即使能够从一个产生环签名的随机预言者那里得到任何消息 m 的签名，他成功伪造一个合法签名的概率也是可以忽略的。

若某个环签名方案满足以上三个性质，我们称该签名方案是安全的。

4．特性

环签名具有良好的特性：可以实现签名者的无条件匿名；签名者可以自由指定自己的匿名范围；可以构成优美的环状逻辑结构；可以实现群签名的主要功能

而且不需要可信第三方或群管理员等。

2.5.2 一次性环签名的设计与实现

一次性环签名算法的签名和验证步骤如下。

（1）密钥生成算法（GEN）。

签名者首先随机选择一个私钥 x，然后计算对应的公钥 $P = xG$，同时计算另一个公钥 $I = xH_p(P)$，这个公钥 I 称为“密钥镜像”（Key Image），对每个签名来说，这个密钥镜像是唯一的，所以也被用来判断签名是否在之前出现过。

（2）签名（SIG）。

签名过程是一个非交互零知识证明。签名者取其他（部分）用户的公钥 P_i 形成集合 $S' = \{P_i\}, |\{P_i\}| = n$，和自己的公钥一起组成集合 $S = S' \cup \{P_s\}$（$s \in [0,n]$，表示交易发送方的公钥 P_s 在集合 S 中的秘密索引），然后签名者再随机选择 $\{q_i \mid i = 0,\cdots,n\}$ 和 $\{w_i \mid i = 0,\cdots,n, i \neq s\}$，计算

$$L_i = \begin{cases} q_i G, & i = s \\ q_i G + w_i P_i, & i \neq s \end{cases}$$

$$R_i = \begin{cases} q_i H_p(P_i), & i = s \\ q_i H_p(P_i) + w_i I, & i \neq s \end{cases}$$

接着计算一个非交互式挑战 $c = H_s(m, L_1, \cdots, L_n, R_1, \cdots, R_n)$，最后签名者再计算响应：

$$c_i = \begin{cases} w_i, & i \neq s \\ c - \sum_{i=0}^{n} c_i \bmod l, & i = s \end{cases}$$

$$r_i = \begin{cases} q_i, & i \neq s \\ q_s - c_s x \bmod l, & i = s \end{cases}$$

最终的签名就是 $\sigma = (I, c_1, \cdots, c_n, r_1, \cdots, r_n)$。

（3）签名验证（VER）。

验证方要验证签名的有效性，首先计算

$$\begin{cases} L_i' = r_i G + c_i P_i \\ R_i' = r_i H_p(P_i) + c_i I \end{cases}$$

然后验证 $\sum_{i=0}^{n} c_i = H_s(m, L_0', \cdots, L_n', R_0', \cdots, R_n')$。如果等式成立，再通过 LNK 来检测签名是否重复使用；如果等式不成立，说明签名是非法的。

（4）重复检测（LNK）。

检查密钥镜像是否已经被使用，即双重支付检查。验证方保存已使用过的（曾经已经用于签名的）密钥镜像集合 $I = I_i$，如果签名 σ 中的密钥镜像在集合中存在，表示该密钥镜像已被使用，即说明该交易存在双重支付的情况。

2.6　安全硬件

安全硬件在数字空间身份进化中有着不可或缺的作用，在数字身份认证和隐私保护关键问题上，软件安全与硬件安全是相辅相成的，共同构建起坚固且易用的工具型产品。不同于在互联网时代常用的 U 盾、密码令牌等身份认证硬件，在万物互联时代，硬件在产品方案中的引入最关注的是安全性和可用性的平衡，在不影响用户体验及系统灵活性、可扩展性的前提下，将用户的密钥存储及加解密计算过程通过物理隔离的独立硬件设备进行保护。本章主要介绍与此相关的 NFC 芯片、蓝牙芯片和 TEE 技术。

2.6.1　NFC 芯片

近场通信（Near Field Communication，NFC）又称为近距离无线通信，是一种短距离的高频无线通信技术，允许电子设备之间进行非接触式点对点数据传输。这个技术由免接触式射频识别（RFID）演变而来，其基础是 RFID 及互联技术。近场通信在 13.56MHz 频率下运行于 20cm 距离内，其传输速度有 106kbps、212kbps、424kbps 三种。通过在单一芯片上集成感应式读卡器、感应式卡片和点对点通信功能，利用移动终端实现移动支付、电子票务、门禁、移动身份识别、防伪等应用。

NFC 有三种不同的使用方式，具体如下。

（1）与手机完全整合：尤其在较新的设备上，近场通信可以完全与手机整合。这意味着近场通信控制器（负责实际通信的构件）和安全构件（与近场通信控制器连接的安全数据区域）都被整合进手机本身中，完全整合了近场通信的手机的实例就是 Google 和三星合作发布的 Google Nexus S。

（2）整合到 SIM 卡上：近场通信还可以整合到 SIM 卡上，可以在运营商的蜂窝网络上识别手机订阅者的卡。

（3）整合到 microSD 卡上：近场通信技术也能被整合进 microSD 卡中，microSD 卡是一种使用闪存的移动存储卡。很多手机用户使用 microSD 卡储存图片、视频、应用和其他文件，以节省手机本身的储存空间。对于没有 microSD 卡槽的手机，可用手机套配件代替。例如，Visa 就专门为 iPhone 推出了一个手机套，装有 microSD 卡，从而将近场通信技术带给了 iPhone 用户。

NFC 技术的应用已经在世界范围内受到了广泛关注，目前大量的 Android 手机在出厂时都内置了 NFC 功能。NFC 系统通常由 NFC 芯片和 NFC 天线组成，NFC 芯片中通常包含通信、计算和加密/解密的功能模块。

2.6.2 蓝牙芯片

蓝牙是一种支持设备短距离（一般在 10m 内）通信的无线电技术，能在移动电话、PDA、无线耳机、笔记本电脑、相关外设等众多设备之间进行无线信息交换。利用蓝牙技术，能够有效地简化移动通信终端设备之间的通信，也能够成功简化设备与互联网之间的通信，从而使数据传输变得更加迅速高效，为无线通信拓宽道路。蓝牙作为一种小范围无线连接技术，能在设备间实现方便快捷、灵活安全、低成本、低功耗的数据通信和语音通信。

蓝牙技术是一种无线数据与语音通信的开放性全球规范，它以低成本的近距离无线连接为基础，为固定设备与移动设备通信环境建立一个特别连接。其实质内容是为固定设备或移动设备之间的通信环境建立通用的无线电空中接口（Radio Air Interface），将通信技术与计算机技术进一步结合起来，使各种 3C 设备在没有电线或电缆相互连接的情况下，能在近距离范围内实现相互通信或操作。简言之，蓝牙技术是一种利用低功率无线电在各种 3C 设备间传输数据的技术。作为一种新兴的短距离无线通信技术，蓝牙芯片正有力地推动着低速率无线个人区域网络的发展。

加载了蓝牙通信技术的安全存储芯片（蓝牙芯片）在身份认证及隐私保护的使用场景中，可以妥善存储用户的私钥，并且在使用时能有效提高身份认证及隐私保护的安全性，并可以兼容如 Android、iOS 等主流移动设备。

2.6.3　可信执行环境（TEE）

可信执行环境（Trusted Execution Environment，TEE）可以保证计算不被常规操作系统干扰，因此被称为“可信”。这是通过创建一个在 TrustZone 的“安全世界”中独立运行的小型操作系统实现的，该操作系统以系统调用（由 TrustZone 内核直接处理）的方式直接提供少数的服务。另外，TrustZone 内核可以安全加载并执行小程序“Trustlets”，以便在扩展模型中添加“可信”功能。Trustlets 程序可以为不安全（普通世界）的操作系统（如 Android）提供安全的服务。TEE 通常用于运行关键的操作。

（1）移动支付：指纹验证、PIN 码输入等；

（2）机密数据：私钥、证书等的安全存储；

（3）内容保护：DRM（数字版权保护）等。

TEE 内部运行一个完整的操作系统，与 REE（如 Android）隔离运行，TEE 与 REE 通过共享内存进行交互：OS 间/应用间。TEE 内部也分为内核态与用户态，TEE 的用户态可以运行多个不同的安全应用（TA）。通过在 TEE 上搭载身份认证及隐私保护业务，可以保障认证与加密的业务操作可信安全。

2.7 隐私保护法律法规与监管政策

2.7.1 法律法规

目前，我国已经颁布一系列与用户隐私保护相关的法律法规，以金融业为例，涉及隐私保护的相关法律法规已超过 30 部。例如，于 1992 年颁布的《储蓄管理条例》最早以成文法条的形式提出储蓄机构对储户信息的保密原则；于 1995 年颁布的《商业银行法》确立了银行对存款人的保密义务；于 2009 年 2 月通过的《刑法修正案（七）》首次明确规定将包括金融隐私权在内的个人信息纳入刑法的保护体系；于 2015 年颁布的《保险法》第 116 条、第 131 条分别针对保险公司及其工作人员，以及保险代理人、保险经纪人及其从业人员，规定了对金融消费者的保密义务；于 2017 年生效的《网络安全法》是网络安全保护的框架性法律，为网络信息安全保护奠定了基础。另外，2015 年 11 月，国务院办公厅还专门印发《关于加强金融消费者权益保护工作的指导意见》，将对消费者个人信息的法律保护上升到权利高度，明确规定了金融机构应当保护金融消费者的基本权利，严格防控金融消费者信息泄露风险，保障金融消费者信息安全。

总体来说，对标国际上其他较为领先的隐私保护法律制度体系，我国还存在不完善的地方。例如，《刑法》虽设有“出售、非法提供公民个人信息罪”及“非法获取公民个人信息罪”，以刑法的方式保护公民个人信息，但对于民事方面的处罚，如实际经济补偿的数额计算及精神赔偿等缺乏具体的规定，往往造成被侵权者无法获得经济或精神上的实质赔偿的问题。此外，随着互联网的不断发展，也需更加全面准确地确定隐私信息的定义及内涵，明确企业、运营商、服务商等在隐私保护方面的责任和义务，以及明确追责的内容和规定条款，使隐私保护切实做到有法可依、有法必依，从而应对大数据时代隐私保护面临的挑战。

2.7.2 监管政策

在监管方面，我国也已出台并实施了一系列与用户隐私保护相关的监管措施。以金融为例，我国现行的金融监管模式是分业监管，中国人民银行作为超级中央银行，既负责货币政策的制定，也负责对金融行业的宏观监督；中国证券监督管理委员会负责对证券业的监管；中国银行保险监督管理委员会负责对银行业、保险业的监管。这种监管模式分工明确，优势明显。

但是，我国也还尚未形成严密的隐私保护监督管理体系，反映在金融隐私监管方面，具体如下。

（1）缺乏信息共享和行动的一致性。由于“一行二会”互不隶属，彼此地位平等，监管者对本职能领域的情况考虑较多，而对其他领域的情况则相对考虑较少。尽管建立了监管联席会议机制，但信息沟通和协同监管仍比较有限。

（2）可能产生跨领域的金融信息安全风险。金融机构的业务范围越来越广，涉及多个金融市场，分业监管的模式使得同一金融机构在不同的金融市场上经营时，需要面对不同的监管者，缺少统一的金融隐私监管的约束，因此在决策时，可能会出现缺少全局考虑、滋生局部市场投机行为的情况。

（3）在监管方式上，目前主要是事后监管，对金融隐私的提前监管、实时监管体系目前还不完善。

我国还须进一步规范隐私保护制度和措施，创新监管模式，并积极利用好大数据、人工智能、云计算等技术丰富监管手段，早日形成全行业覆盖的监管网络。

第3章 关键功能的设计与实现

安全可信的数字身份认证和隐私保护会带来网络安全与用户体验的双重升级，经过多年在数字身份认证和隐私保护方面的研究与探索，我们设计实现了一套安全可信的数字身份认证和隐私保护体系。本章将从无密码安全登录、身份认证网关、数字身份证明、文件签名、机器身份、隐私保护六个方面来介绍安全可信的数字身份认证和隐私保护体系部分场景功能的设计与实现。

3.1 无密码安全登录

3.1.1 功能简介

在登录时，不采用传统的以账号和密码登录的方式，而是通过服务端发起加密随机数挑战，客户端加载本地加密保存的私钥并进行解密后，由服务端校验以实现无密码安全登录，彻底消除由中心化密码存储库泄露带来的网络安全问题。无密码安全登录能够从逻辑安全、密钥安全、通信安全、应用安全等多个维度全面保障用户的账号安全。

3.1.2　流程设计

1. 注册流程

注册流程如图 3-1-1 所示。

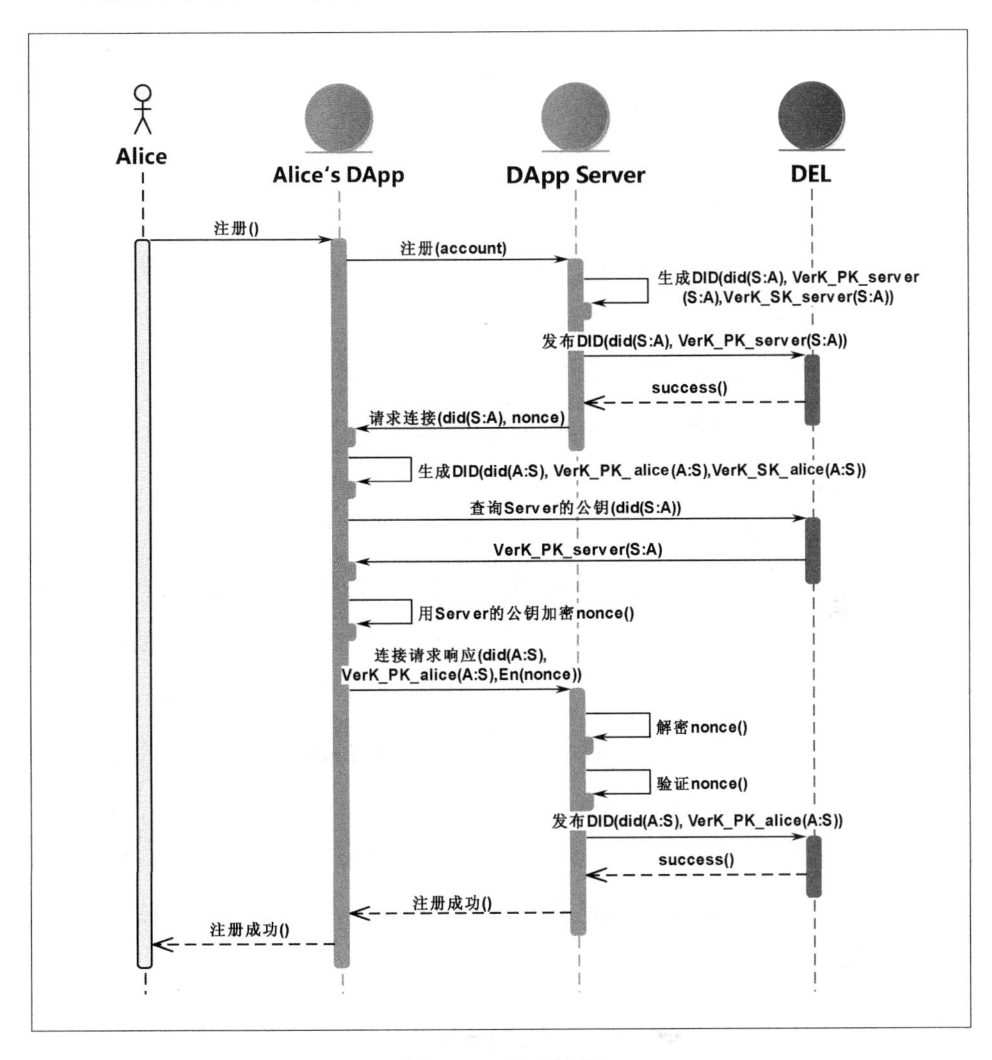

图 3-1-1　注册流程

1）名词注释

account：用户名。

did(S:A)：DApp Server 生成的与 Alice 对应的 DID，需要发布到 DEL 上。

did(A:S)：Alice 生成的与 DApp Server 对应的 DID，需要发布到 DEL 上。

VerK_PK_server(S:A)：与 did(S:A)对应的验证密钥，可以用来加密公钥；与 DID 一起发布到 DEL 上。

VerK_PK_alice(A:S)：与 did(A:S)对应的验证密钥，可以用来加密公钥；与 DID 一起发布到 DEL 上。

VerK_SK_server(S:A)：与 did(S:A)、VerK_PK_server(S:A)对应的私钥，本地加密保存，不能让别人知道。

VerK_SK_alice(A:S)：与 did(A:S)、VerK_PK_alice(A:S)对应的私钥，本地加密保存，不能让别人知道。

nonce：DApp Server 生成的随机数，用来发起随机数挑战。

DEL：分布式加密账本（Distributed Encrypted Ledger）。

2）流程说明

（1）Alice 在 Alice's DApp（客户端）申请注册，填写注册账号。

（2）DApp Server（服务端）生成对应的 DID（did(S:A)）及对应的公私钥对。

（3）服务端将生成的 DID 及其公钥发布到 DEL 上（公钥上链，私钥本地加密保存）。

（4）服务端向客户端发送连接请求，请求中包含自己的 DID 和一个随机数 nonce（用来发起随机数挑战）。

（5）客户端为此关系生成 DID（did(A:S)）及其公私钥对。

（6）客户端根据服务端 DID（did(S:A)）从 DEL 中查询服务端公钥（VerK_PK_server(S:A)）。

（7）用服务端的公钥加密 nonce。

（8）将加密后的 nonce、生成的 DID（did(A:S)）和公钥（VerK_PK_alice(A:S)）发送给服务端（私钥本地加密保存）。

（9）服务端通过解密得到 nonce，并与本地 nonce 进行比对。

（10）在随机数 nonce 验证通过后，服务端将 Alice 的 DID 和公钥发布到 DEL 上。

（11）在上链成功后，服务端向客户端返回注册成功的消息，注册完成。

2. 登录流程

登录流程如图 3-1-2 所示。

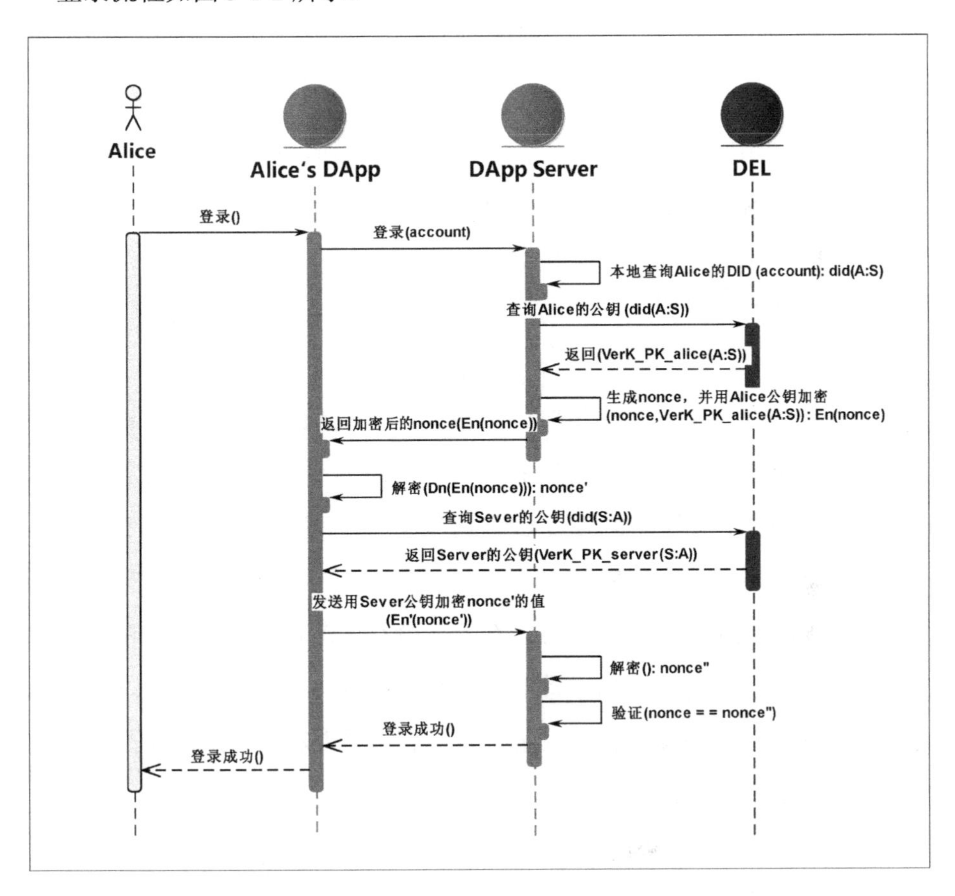

图 3-1-2　登录流程

1）名词注释

VerK_PK_alice(A:S)：Alice 的公钥。

VerK_SK_alice(A:S)：Alice 的私钥。

2）流程说明

（1）Alice 登录 DApp，客户端向服务端发起登录请求（请求包含 Alice 的账号）。

（2）服务端本地查询 Alice 的 DID（did(A:S)），并向 DEL 查询其公钥。

（3）服务端生成一个随机数 nonce，并用 Alice 的公钥加密。

（4）向客户端返回加密后的 nonce。

（5）客户端解密 nonce，并用服务端 DID 向 DEL 查询服务端的公钥（保证通信安全）。

（6）客户端用服务端公钥加密 nonce 后发送给服务端。

（7）服务端解密后验证 nonce，在验证通过后，实现登录。

3.1.3 安全性描述

（1）逻辑安全。

中心化密码存储库是黑客的“Honey Pot”，黑客通过攻击中心化密码存储库可以获取用户的账号、密码，导致用户财产或隐私遭受损失，所以保护中心化密码存储库非常重要。使用私钥实现无密码登录，则不存在中心化密码存储库，能够消除中心化密码库被攻击的风险。

传统密码通过加密或哈希的方式存储于中心化密码存储库中，在校验时，通过比对密码密文来进行校验，此时弱密码就很容易遭受爆破攻击。而对于使用私钥登录的无密码登录方式，仅能通过破解或获取私钥来进行攻击，大大增加了攻击难度。

（2）密钥安全。

私钥本地加密保存，并且通过导出备份密钥的方式防止密钥丢失，有效增强密钥的安全性与便捷性。

（3）通信安全。

在交互过程中，由于客户端和服务端之间存在一对相互信任的 DID，而每个 DID 在 DEL 上都存在对应的公钥，所以客户端和服务端通过将对方的公钥进行加密实现加密通信，有效保障通信的安全性。

此外，客户端与服务端均采用 https 安全双向通信，进一步保障通信的安全性。

（4）应用安全。

无密码登录所使用的 SDK 或 DApp 通过安全加固技术进行加密保护，能够提高应用对抗逆向工程的能力，保障移动端应用程序的安全。

3.1.4　使用方法

在使用无密码登录方式时，Alice 首先需要完成注册，在客户端和服务端生成 DID 及其公私钥对，将客户端与服务端的 DID 及其公钥上链，并通过随机数挑战实现双方的 DID 安全交换。私钥本地加密保存，用于登录。

在注册完成之后，Alice 通过 DApp 客户端登录，此时客户端会自动向服务端发起登录请求，并通过加载本地加密私钥来应对服务端发起的随机数挑战，从而实现登录。

在此过程中，由于本地私钥通过密码加密保存（使用口令或指纹等方式），Alice 需要通过相应的方式解密私钥。其他过程用户不直接参与，详细流程可查看流程设计相关内容。

3.2　身份认证网关

3.2.1　功能简介

在日常生活中，使用移动应用的场景越来越多，授权登录、密码核验、实名认证、活体检测的场景需求也越来越多。通常我们需要按照不同移动应用的要求进行多次的重复操作，用户体验较差；另外，不同系统中的认证结果相互割裂，形成一个个数据孤岛，数据泄露的风险较大。

身份认证网关的设计思想是，将多种不同的认证方式和结果汇集在一个应用或一个服务中，后台对接权威身份认证通道。在身份认证网关中，用户可以进行邮箱验证、手机号验证、身份证验证、人证比对、活体验证等多种认证。在使用时，其他应用向身份认证网关申请授权以使用不同方式的身份认证通道，做到“一次认证，多次使用”，操作过程和认证结果加密存储在身份安全区块链上，确保过程安全并保护用户隐私。

3.2.2 流程设计

1. 身份认证网关的建立

1）名词注释

VerK_PK_TDA：DApp 的公钥，可以用来加密。

VerK_SK_TDA：与 VerK_PK_TDA 对应的私钥，本地保存。

K1 认证：手机号/邮箱认证。

K2 认证：实证认证。

K3 认证：实人认证。

身份证 OCR：利用 OCR 识别技术，通过移动终端摄像头对身份证进行拍照，自动提取身份证信息，并按要素格式化输出身份证信息，供计算机系统管理。

活体检测：在一些身份验证场景中，确定对象真实生理特征的方法。在人脸识别应用中，活体检测能通过眨眼、张嘴、摇头、点头等组合动作，使用人脸关键点定位和人脸追踪等技术，验证用户是否为本人。

2）流程说明

身份认证网关建立流程如图 3-2-1 所示。

（1）DApp 生成公私钥对 VerK_PK_TDA 和 VerK_SK_TDA。

（2）DApp 发起 K1 认证，将手机号 phone 和公钥 VerK_PK_TDA 发送给 Server。

（3）Server 发送短信验证码给该手机号，DApp 将验证码返回给 Server。

（4）Server 使用公钥 VerK_PK_TDA 加密手机号，得到 VerK_PK_TDA (phone)。

（5）在手机短信验证码验证完成后，由 Server 向 DEL 申请上链，将用公钥加密后的手机号 VerK_PK_TDA (phone)上链存储。

（6）K1 认证成功，上链成功。

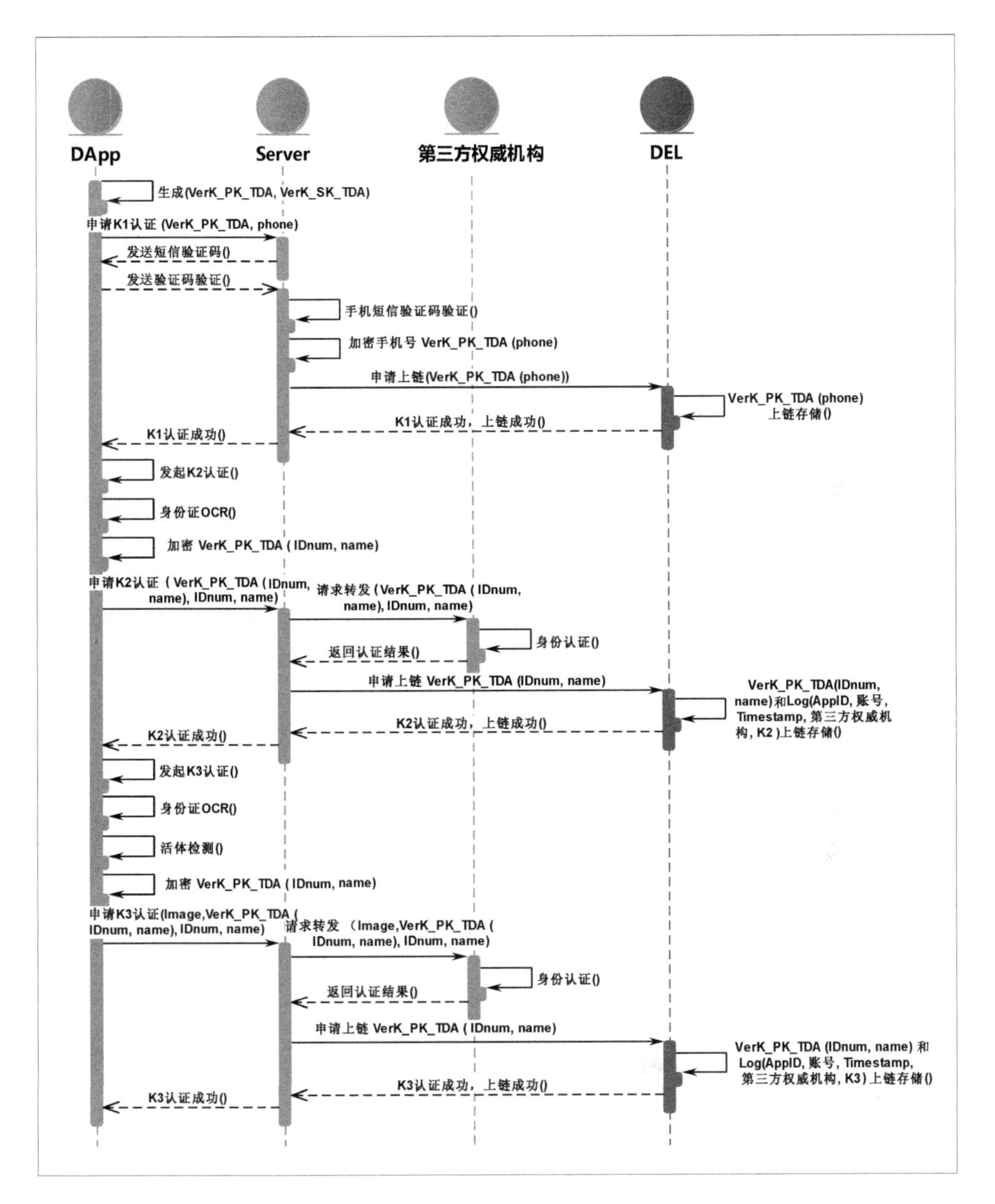

图 3-2-1　身份认证网关建立流程

（7）DApp 发起 K2 认证。

（8）使用身份证 OCR 识别身份证信息，并对身份证号码及姓名加密，即 VerK_PK_TDA (IDnum,name)。

（9）DApp 将加密后的信息 VerK_PK_TDA (IDnum,name)及 IDnum、name 发送给 Server，申请 K2 认证。

（10）Server 转发信息至第三方权威机构，其在完成身份认证后返回认证结果。

（11）Server 向 DEL 申请上链，将用公钥加密的身份信息 VerK_PK_TDA (IDnum,name)及操作记录 Log(AppID,账号,Timestamp,第三方权威机构,K2)上链存储。

（12）K2 认证成功，上链成功。

（13）DApp 发起 K3 认证。

（14）使用身份证 OCR 识别身份证信息并完成活体检测，对身份证号码及姓名加密，即 VerK_PK_TDA (IDnum,name)。

（15）DApp 将人脸照片及加密后的身份信息 VerK_PK_TDA (IDnum,name)及 IDnum、name 发送给 Server，申请 K3 认证。

（16）Server 转发信息至第三方权威机构，其在完成身份认证后返回认证结果。

（17）Server 向 DEL 申请上链，将用公钥加密后的身份信息 VerK_PK_TDA (IDnum,name)及操作记录 Log(AppID,账号,Timestamp,第三方权威机构,K3)上链存储。

（18）K3 认证成功，上链成功。

2. 登录网关的使用

1）名词解释

Token：为保证通信安全，在系统中设置的口令。

AppID：在 IND DApp 接入时，系统将 AppID 及对应的公私钥对颁发给 IND Server。

VerK_SK_TS：Server 的私钥，可以用来加密，本地保存。

2）流程说明

登录网关使用流程如图 3-2-2 所示。

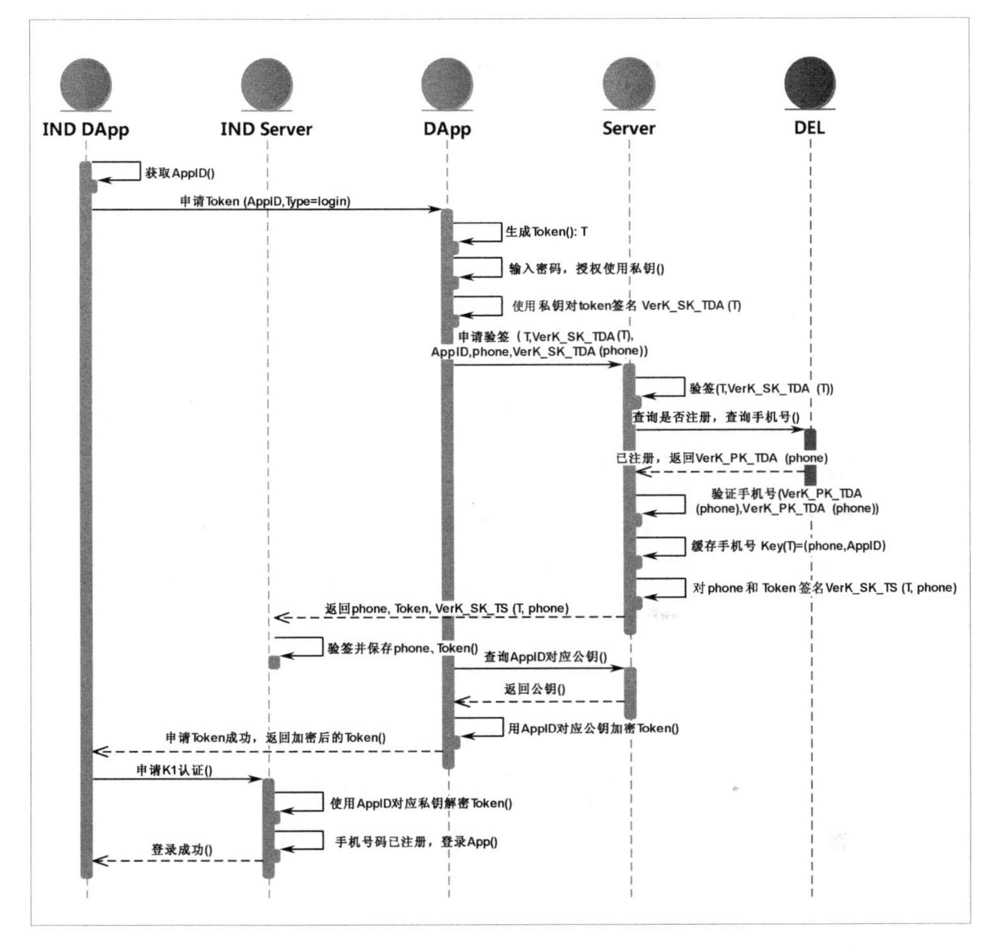

图 3-2-2　登录网关使用流程

（1）IND DApp 首先获取 AppID，并向 DApp 申请 Token。

（2）DApp 生成 Token，生成的 Token 为 T。

（3）输入密码，授权使用私钥，并使用私钥对 Token 进行签名，即 VerK_SK_TDA(T)。

（4）DApp 将 T、VerK_SK_TDA(T)、AppID、phone、VerK_SK_TDA(phone) 等信息发给 Server，申请验签。

（5）Server 在验签后，向 DEL 查询该手机号。

（6）DEL 返回链上存储的手机号密文 VerK_PK_TDA(phone)。

（7）Server 使用 DApp 的公钥对 phone 进行加密，并与链上返回的 VerK_PK_TDA(phone)进行比对。

（8）在比对完成后，缓存手机号，Key(T)=(phone, AppID)。

（9）Server 使用其私钥对 phone、Token 进行签名，得到 VerK_SK_TS(T,phone)，并发送给 IND Server。

（10）IND Server 在验签后保存 phone 和 Token。

（11）DApp 向 Server 查询 AppID 对应公钥，Server 返回对应公钥给 DApp。

（12）DApp 使用 AppID 对应公钥加密 Token，并将 Token 返回给 IND DApp。

（13）IND DApp 向 Server 申请 K1 认证。

（14）IND Server 使用 AppID 对应私钥解密 Token。

（15）IND Server 查询到该手机号码已注册，允许登录，并将结果返回给 IND DApp。

3．实人/实证网关的使用

实人/实证网关使用流程如图 3-2-3 所示。

（1）IND DApp 首先获取 AppID，并向 DApp 申请 Token。

（2）DApp 检测该账户是否已登录，若未登录则跳转到登录网关；若已登录，进行下一步。

（3）DApp 生成 Token。

（4）DApp 输入密码，授权使用私钥，并使用私钥对 Token 进行签名，VerK_SK_TDA(T)。

（5） DApp 将 T、VerK_SK_TDA(T)、AppID、name、IDnum、VerK_SK_TDA(name,IDnum)等信息发给 Server，申请验签。

（6）Server 在验签后，向 DEL 查询该账户是否完成 K2/K3 认证。

（7）DEL 返回链上存储的 true/false、K2/K3 认证结果、VerK_PK_TDA(name, IDnum)。

（8）Server 使用 DApp 的公钥对 name、IDnum 进行加密，并与链上返回的 VerK_PK_TDA(name,IDnum)进行比对。

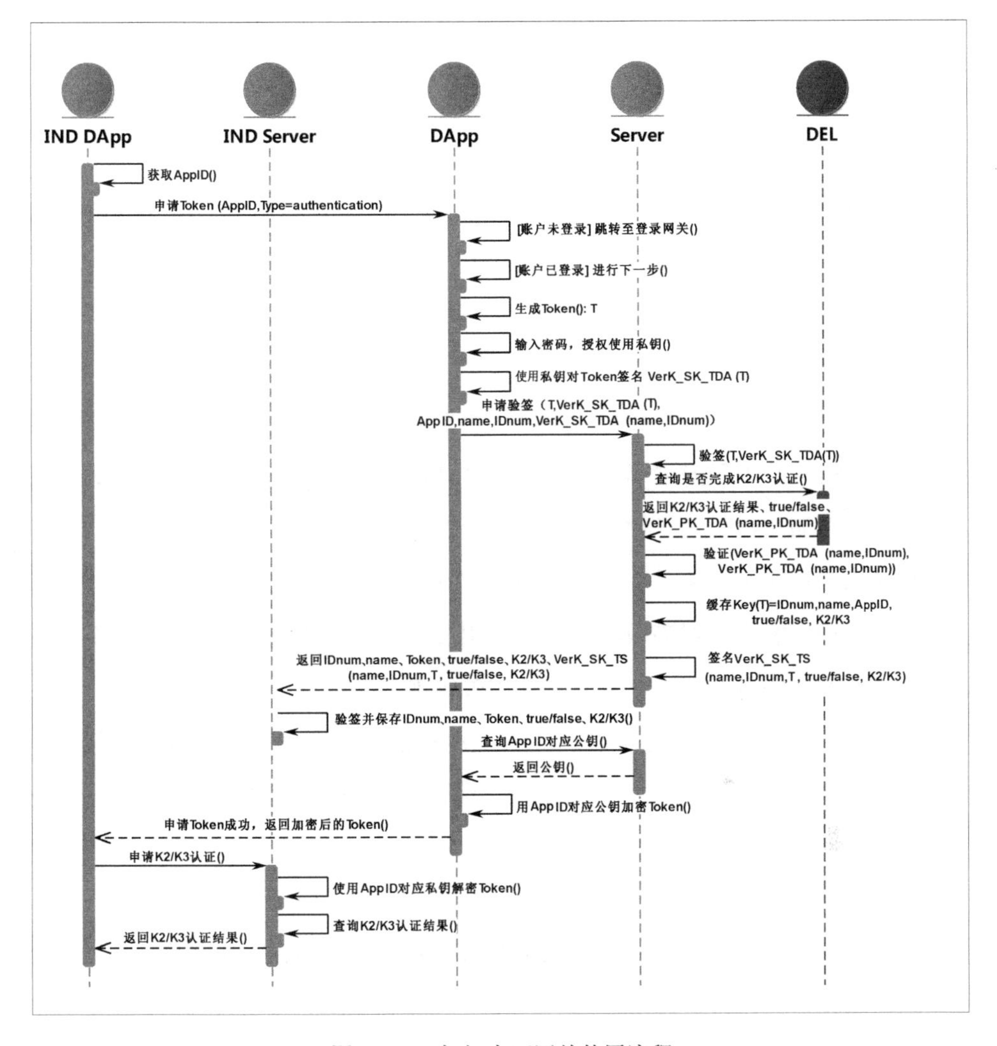

图 3-2-3　实人/实证网关使用流程

（9）在比对完成后，缓存身份信息，Key(T)= IDnum,name,AppID,true/false, K2/K3。

（10）Server 使用其私钥对 name、IDnum、Token、true/false、K2/K3 进行签名，得到 VerK_SK_TS(name, IDnum, T, true/false, K2/K3)，并发送给 IND Server。

（11）IND Server 验签后保存 name、IDnum、Token、true/false 和 K2/K3。

（12）DApp 向 Server 查询 AppID 对应公钥，Server 返回对应公钥给 DApp。

（13）DApp 使用 AppID 对应公钥加密 Token，并将 Token 返回给 IND DApp。

（14）IND DApp 向 IND Server 申请 K2/K3 认证。

（15）IND Server 使用 AppID 对应私钥解密 Token。

（16）IND Server 查询该账号是否已完成 K2/K3 认证，并返回给 IND DApp。

3.2.3 安全性描述

（1）逻辑安全。

攻击者通过攻击中心化密码存储库，可获取大量用户的账号、密码及相关隐私信息，危害用户财产及隐私安全。身份认证网关使用私钥实现无密码登录，无中心化密码存储库，提高了用户身份的安全性。

传统用户密码被加密保存在中心化密码存储库中，通过比对密码密文进行校验，此时弱密码容易被爆破攻击。对于使用私钥登录的无密码登录方式，只能通过破解或获取私钥进行攻击，增大了密钥破解难度。

通过身份认证网关进行身份认证的用户身份信息被加密保存在区块链网络中，可保证用户信息不可篡改。在使用网关时，业务服务器通过查询区块链网络中保存的密文信息进行校验，确保用户信息安全。

（2）密钥安全。

私钥本地加密保存，并且通过导出备份密钥的方式防止密钥丢失，增强密钥的安全性与便捷性。

（3）通信安全。

在通信过程中采用私钥签名和公钥验签的方式，保障通信过程中的信息安全。同时，Token 被加密传输，增加了攻击难度，保证通信过程的安全。

此外，DApp 与客户端均采用 https 安全双向通信，进一步保障通信的安全性。

（4）应用安全。

身份认证网关所使用的 SDK 或 DApp 使用安全加固技术进行加密保护，提高应用对抗逆向工程的能力，保证移动端应用程序的安全。

3.2.4　使用方法

用户登录 DApp 并在 DApp 中进行手机号或邮箱验证、身份证验证和活体验证等多种身份认证。Server 对接第三方权威机构，返回身份认证结果。操作过程、认证结果和加密信息保存在区块链网络中。

在使用时，其他应用向身份认证网关申请不同方式的身份认证结果，用户通过输入密码进行授权。身份认证网关查询区块链网络中保存的认证信息并验证，若验证通过，则返回认证结果给应用。

3.3　数字身份证明

3.3.1　功能简介

证件是我们生活中很重要的一部分，驾驶证用来证明我们有能力驾驶机动车，毕业证用来证明我们的受教育程度，护照让我们可以到不同国家旅行。数字身份证明的设计思想是，利用可验证声明、DID、DPKI、区块链、零知识证明等技术实现一种加密安全、保护隐私和机器可验证的数字身份证明的生成与使用方案，数字身份证明比实体证书的安全性更高，证明的颁发、吊销和使用的效率也更高。

3.3.2　流程设计

1．证书颁发流程

1）前提条件

在此系统中，我们将需要身份许可才能加入的许可链作为 DEL 来实现方案。

（1）我们默认 Alice 的学校已经获得了业务节点身份，是许可链中可信任的机构，可以创建 DID。

（2）Credential Schema（CS）和 Credential Definition（CD）已经发布到链上，在生成 CD 时，颁发者（这里指 Alice 的学校）会生成证书吊销登记处，用来吊销证书及检查证书是否被吊销。

（3）在建立连接后，在 Alice 的学校和 Alice 的交互中，默认通过各自的 Verify Key 进行加解密。

2）名词解释

Verify Key：与 DID 对应的一对加解密公私钥，公钥为 VerK_PK，私钥为 VerK_SK。

Credential Schema（CS）：一个证书应该包含的属性列表，如毕业证包含{“姓名”，“学位”，“毕业时间”}等，可以由任何可信机构颁发，如毕业证 CS 可以由教育局来颁发。不能修改，只能新建。

Credential Definition（CD）：针对特定的 Credential Schema，用来指定颁发者对证书的签名的 Key。不能修改，只能新建。

Master Secret：私有数据，其为随机数，用来让证明者证明证书都是颁发给同一个人的。只有证明者能够知道该私有数据。

3）流程说明

证书颁发流程如图 3-3-1 所示。

（1）Alice 访问其学校（Alice's School）的网站，申请下载毕业证书，学校建议 Alice 下载 DApp。

（2）Alice 在下载 DApp 时，学校生成一个 DID（did(S:A)）及其公私钥对，并将 DID 发布到 DEL 上。

（3）在发布完成后，学校构造一个连接请求，包含生成的 did(S:A)及一个随机数 nonce。

（4）Alice's DApp 生成一个与该连接对应的 DID（did(A:S)）及其公私钥对，并构造一个连接响应 connection response（包含 did(A:S)、公钥 VerK_PK_alice(A:S)、nonce）。

（5）Alice's DApp 向 DEL 查询学校的公钥后，用学校公钥加密 connection response 后返回。

（6）学校解密并验证 nonce。

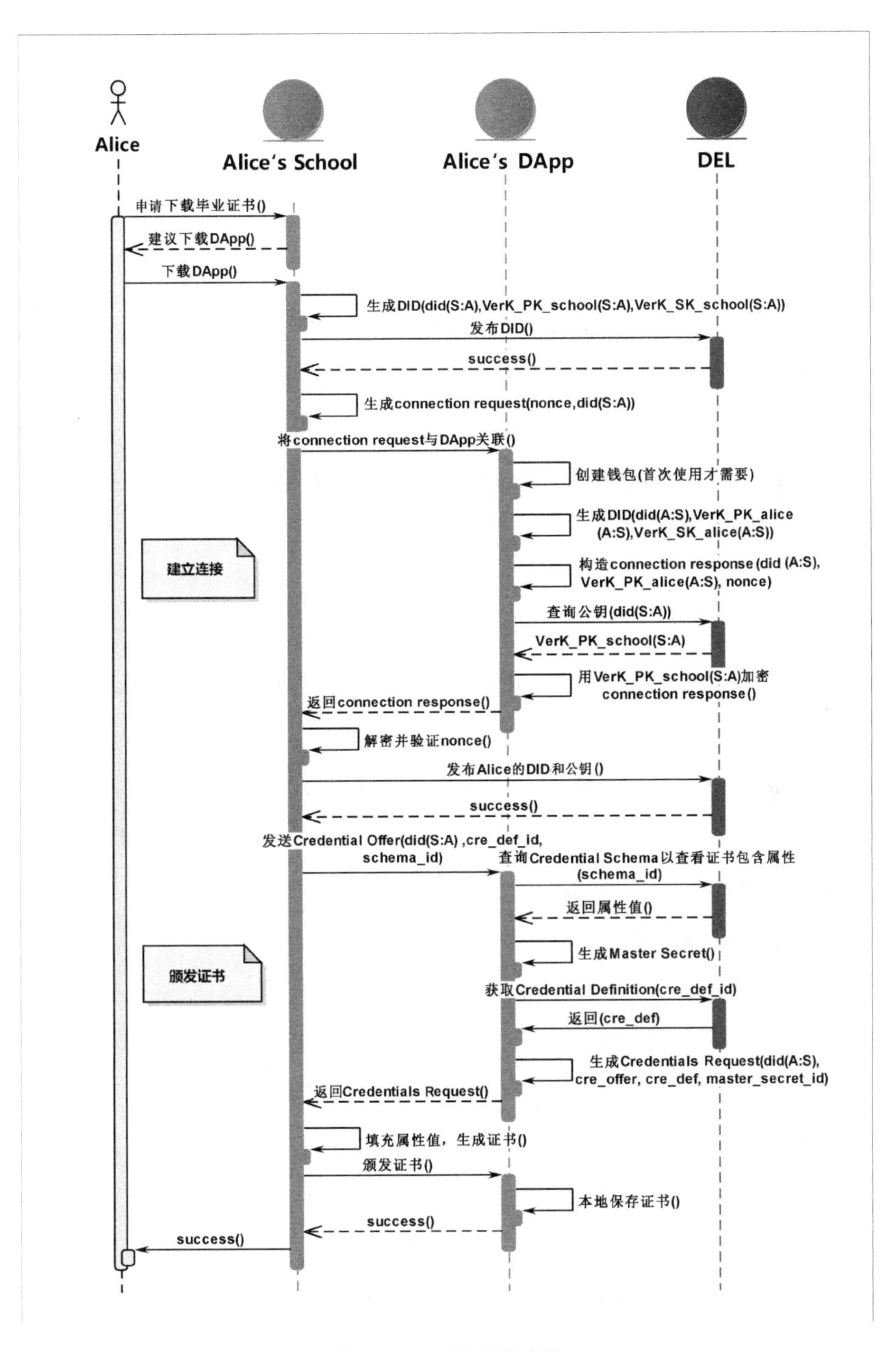

Alice
Alice's School
Alice's DApp
DEL
申请下载毕业证书()
建议下载DApp()
下载DApp()
生成DID(did(S:A),VerK_PK_school(S:A),VerK_SK_school(S:A))
发布DID()
success()
生成connection request(nonce,did(S:A))
将connection request与DApp关联()
创建钱包(首次使用才需要)
生成DID(did(A:S),VerK_PK_alice
(A:S),VerK_SK_alice(A:S))
构造connection response(did (A:S),
VerK_PK_alice(A:S), nonce)
建立连接
查询公钥(did(S:A))
VerK_PK_school(S:A)
用VerK_PK_school(S:A)加密
connection response()
返回connection response()
解密并验证nonce()
发布Alice的DID和公钥()
success()
发送Credential Offer(did(S:A) ,cre_def_id,
schema_id)
查询Credential Schema以查看证书包含属性
(schema_id)
返回属性值()
生成Master Secret()
颁发证书
获取Credential Definition(cre_def_id)
返回(cre_def)
生成Credentials Request(did(A:S),
cre_offer, cre_def, master_secret_id)
返回Credentials Request()
填充属性值，生成证书()
颁发证书()
本地保存证书()
success()
success()

图 3-3-1　证书颁发流程

（7）在验证通过后，学校将 Alice 的 DID 及其公钥发布上链。

（8）学校发送 Alice 的 Credential Offer。

（9）Alice’s DApp 根据 Credential Offer 中的信息查询 Credential Schema 和 Credential Definition。

（10）Alice’s DApp 生成 Master Secret。

（11）根据目前拥有的信息（Credential Offer、Credential Schema、Credential Definition、Master Secret）生成证书请求（Credentials Request）。

（12）学校根据证书请求（Credentials Request）填充相应属性值，生成证书。

（13）学校将证书发送给 Alice’s DApp，Alice’s DApp 本地加密保存证书。

2．证书使用流程

1）场景说明

（1）Alice 已经获得了学校颁发的毕业证，并存于本地。

（2）在 Bob 的商店中，Alice 可以凭借毕业证享受折扣，现在 Alice 希望通过毕业证获取折扣。

（3）Alice 和 Bob 的商店建立连接的过程与 Alice 和学校建立连接的过程一样，这里不再重复，默认 Alice 和 Bob 的商店已经建立连接并交换 DID。

（4）Alice 和 Bob 的商店之前的通信，使用各自的 DID 加解密，为使流程更清晰，此处省略了该步骤。

2）流程说明

证书使用流程如图 3-3-2 所示。

（1）Bob 的商店（Bob’s Shop）向 Alice’s DApp（客户端）发送需要提供证明的请求 proof_ request（请求中声明了 Alice 需要提供的证书属性），客户端读取本地符合条件的证书，并向 Alice 询问是否使用相应的证书。

（2）Alice 选择相应的证书并根据是否展示相关证书属性生成证明 proof_request_creds。客户端向 DEL 查询相关证书对应的 Credential Schema 和 Credential Definition。

（3）客户端根据现有信息 did(A:B)、proof_request、proof_request_cred、master_secret_id、cre_schema、cre_def，生成证明 Proof。

（4）客户端将证明 Proof 发送给 Bob 的商店。

（5）Bob 的商店首先从链上获取 Credential Schema 和 Credential Definition 进行验证，再对 Proof 进行验证，不仅验证证书的有效性，也验证证书是否被吊销。

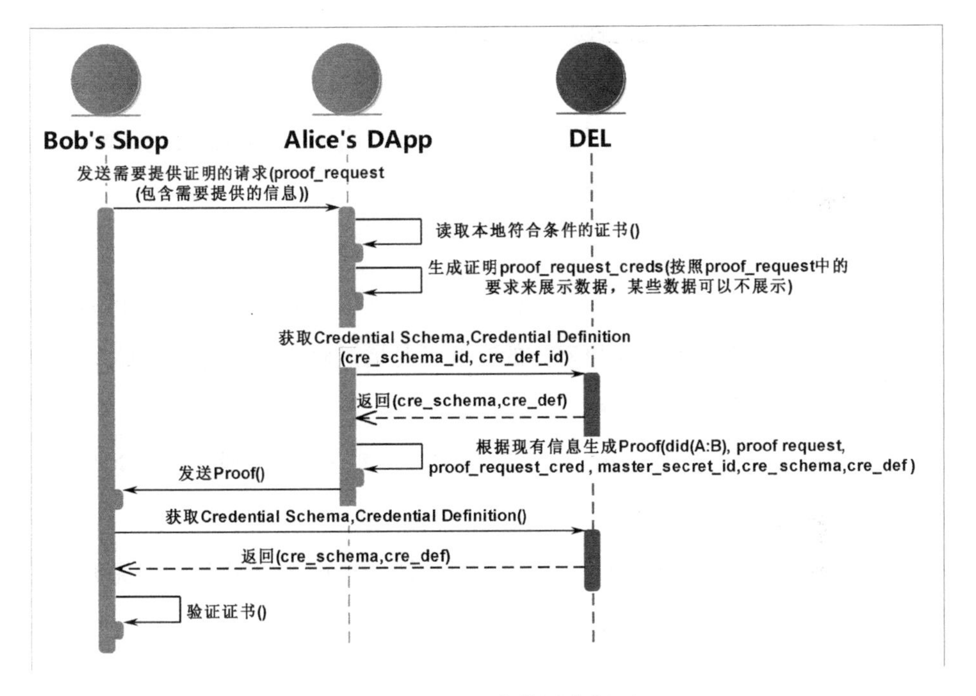

图 3-3-2　证书使用流程

3.3.3　安全性描述

（1）逻辑安全。

每一对关系都存在一对 DID，一个主体可以拥有多个 DID，并且只有拥有这些 DID 的主体才知道哪些 DID 属于自己，这就实现了 DID 之间的非相关性，能够减弱不同证书间的关联性，保护用户隐私。

DPKI 的实现不依赖传统的中心化 CA 机构，避免中心化 CA 机构被攻击的风险。

数字身份证明构建于许可链上，许可链是需要身份许可才可以加入的链，其能够提供一个稳定、安全的环境。

每个证书都有颁发者的签名，防止证书被伪造。

持有者在提供证明时，可以选择证书的展示内容，并且可以通过零知识证明生成断言（如不直接展示年龄，而是展示 age>18），并且在证明提供前都需要持有者签名，保障了证明的安全性及用户隐私。

（2）密钥安全。

私钥本地加密保存，并且通过导出备份密钥的方式防止密钥丢失，增强密钥的安全性与便捷性。

（3）通信安全。

在交互过程中，由于交互的双方存在一对相互信任的 DID，而每个 DID 在 DEL 上都存有对应的公钥，所以双方的交互都是通过对方的公钥进行加密后实现的加密通信，保证通信的安全性。

此外，双方交互均采用 https 安全双向通信，进一步保障通信的安全性。

（4）应用安全。

数字身份证明所使用的 SDK 或 DApp 利用安全加固技术进行加密保护，提高应用对抗逆向工程的能力，保障移动端应用程序的安全。

3.3.4 使用方法

用户使用数字身份证明，首先要通过第三方机构颁发证书，个人也可以颁发证书，但若 Alice 给自己颁发一个“毕业于清华大学”的证书，则是不可信的，需要由清华大学颁发证书，验证者才会信任，所以指定证书需要由符合相应证明条件的用户或者机构颁发。

在颁发证书时，首先需要双方交换 DID，在互换 DID 后，Alice 的学校颁发相应的证书，证书包含 Alice 的学校的签名。

在得到证书后，用户就可以使用证书。首先，需要验证方提供需要验证的内容，然后持有者通过加载本地符合条件的证书，在授权后生成并出示对应的证明，其中，在生成证明的过程中，持有者可以选择加载一个或多个证书，并且可以选择展示的内容，也可以通过零知识证明的方式间接提供证明（如不直接显示年龄，而显示 age>18），验证方在收到证明后对证明进行验证。

3.4　文件签名

3.4.1　功能简介

随着数字签名技术的不断发展和《电子签名法》的施行，文件签名行业迎来了快速发展。线下签名方式流程烦琐、效率低下、成本高、管理难，相比之下，数字签名具备便捷、安全、可靠等明显优势。

传统的在线签约流程如图 3-4-1 所示。

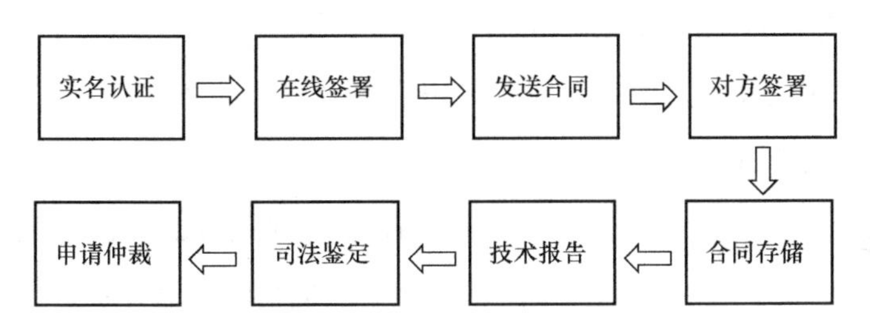

图 3-4-1　传统的在线签约流程

而在签署环节中，很重要的一个步骤就是数字证书签名，数字证书是一种具有权威性的电子文档，它提供了一种方式，使得身份认证能够在网络上进行。在互联网中，数字证书是至关重要的，数字证书必须具有唯一性和可靠性。

现行被广泛认可和采用的是 PKI 体系，在线签约正是通过这一体系解决身份安全问题，然而这套体系存在以下缺陷。

（1）严重依赖绝对安全可信的第三方证书颁发与管理机构（CA），若该机构私钥泄露，后果不堪设想。

（2）数字证书存在被破解与伪造的可能。

（3）数字证书不能及时被撤销。

本书在传统的在线签约系统的基础上，提出结合区块链技术实现的在线签约系统，一方面，在身份认证环节采用多 CA 方式，解决 PKI 体系存在的问题；另一方面，在合同存储时，将合同的哈希值及签名存储于区块链上，利用区块链的防篡改、可溯源特性来增强合约的安全性和防抵赖性，增强维权的可靠性和便捷性。

3.4.2 流程设计

1. 数字证书申请与颁发

数字证书申请与颁发流程如图 3-4-2 所示。

1）证书申请流程

（1）用户采用椭圆曲线加密密钥生成算法生成一对公私钥（pk 和 sk），同时由公钥 pk 生成 DID（did），作为 DEL 上的身份标识。

（2）用户生成待签名的数字证书 CSR 及申请证书事务 Tx1。

（3）用户将 Tx1 上链。

（4）用户向多个 CA 中心提交证书申请信息，包括 did、CSR、实名验证信息及数字签名，其中，did 用于在 DEL 中查询用户提交的交易记录，包括 Tx1。

2）证书颁发流程

（1）CA 在收到用户提交的申请后，验证签名有效，根据 did 在区块链中查询 Tx1，并验证其申请的有效性。

（2）CA 验证用户的实名信息，然后根据 CSR 生成证书 cert 及颁发证书事务 Tx2。

（3）CA 将 Tx2 上链，并向用户返回证书颁发结果。

（4）用户可根据 did 在 DEL 中查询证书并验证多 CA 的签名。

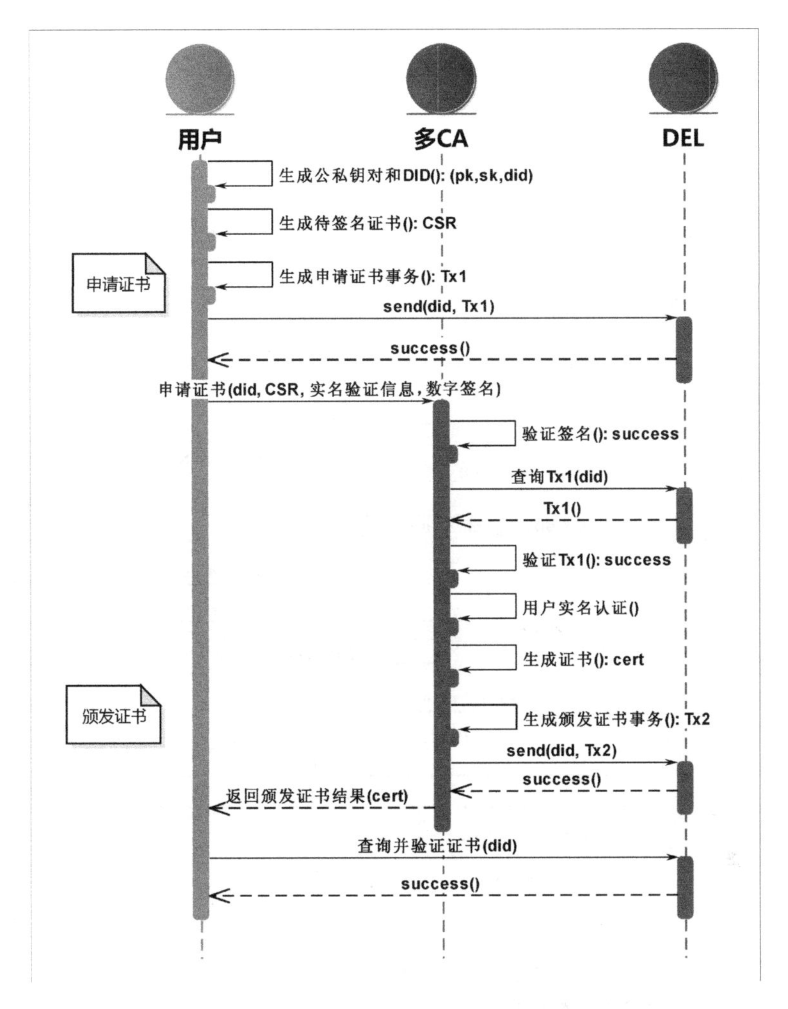

图 3-4-2　数字证书申请与颁发流程

2. 文件签名

文件签名流程如图 3-4-3 所示。

1）密钥协商

（1）用户 A 本地生成有限群生成元 g 及秘密随机数 a，计算 g^a。

（2）用户 A 将 g、g^a、didA，以及用户 A 的签名 signA 发送给用户 B。其中，g 和 g^a 用于密钥协商以生成对称密钥，didA 和 signA 用于身份验证和证书验证。

（3）用户 B 生成秘密参数 b，计算 g^b，计算并保存对称密钥 key=$(g^a)^b = g^{ab}$。

然后将 g^b、didB、signB 发送给用户 A。

（4）用户 A 计算并保存对称密钥 key= $(g^b)^a = g^{ab}$ 。

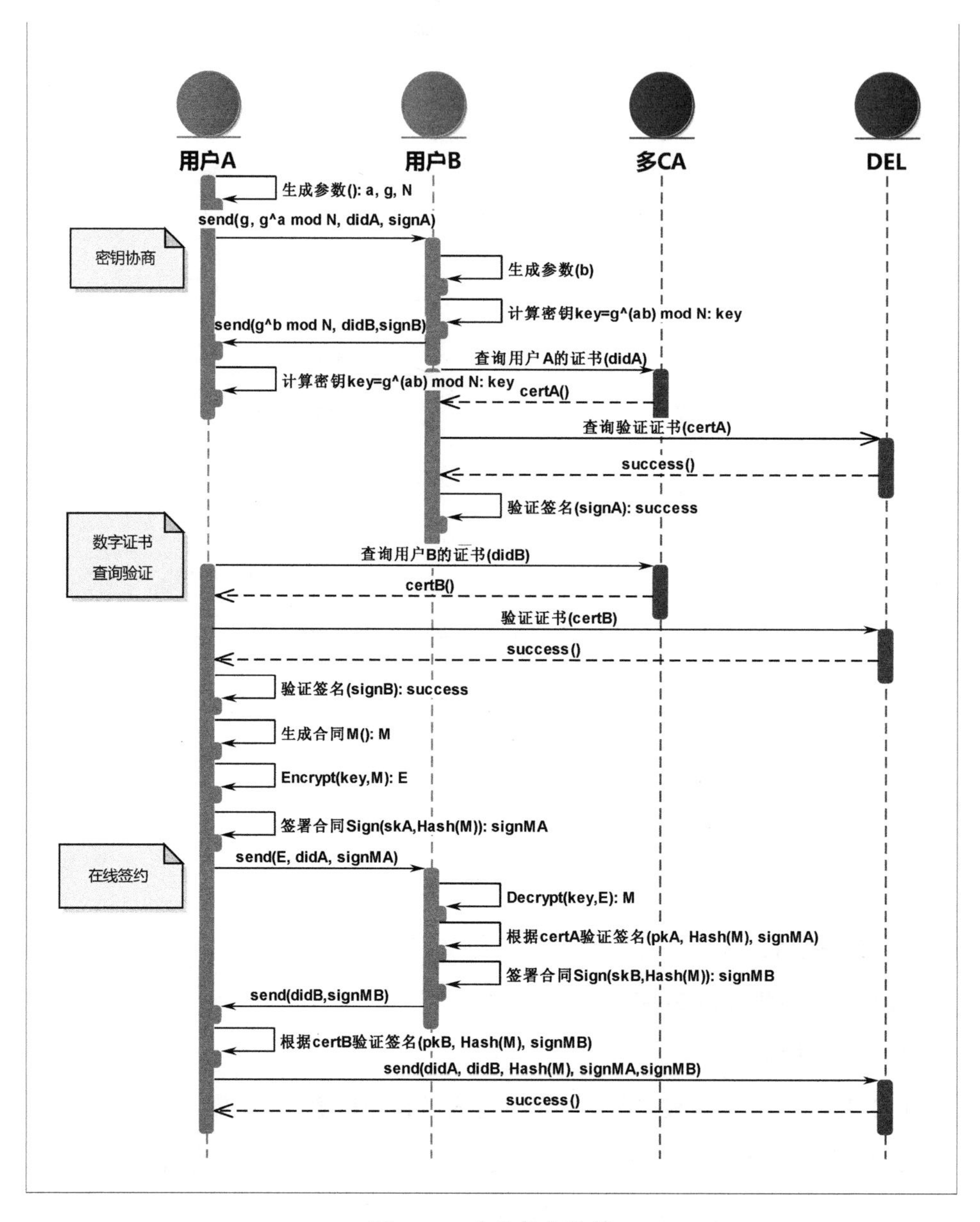

图 3-4-3 文件签名流程

2）数字证书查询验证

（1）用户 B 根据收到的 didA 在多 CA 中进行查询，获得用户 A 的证书 certA，并在 DEL 中验证证书的正确性，然后验证其签名 signA。

（2）用户 A 根据收到的 didB 在多 CA 中进行查询，获得用户 B 的证书 certB，并在 DEL 中验证证书的正确性，然后验证其签名 signB。

3）在线签约

（1）用户 A 生成合同 M，并用自己的私钥 skA 对其哈希值进行签名，signMA=Sign(skA,Hash(M))。

（2）用户 A 用对称密钥 key 对合同 M 进行加密，得到其密文，E=Encrypt(key, M)。

（3）用户 A 将 didA、E 及 signMA 发送给用户 B。

（4）用户 B 使用对称密钥 key 解密密文 E，得到明文合同 M，在计算其哈希值后，使用 certA 验证 signMA 的有效性。

（5）用户 B 使用自己的私钥 skB 签名合同 M 的哈希值，得到 signMB=Sign(skB, Hash(M))。

（6）用户 B 将 didB 和 signMB 发送给用户 A。

（7）用户 A 在收到 didB 和 signMB 后，使用 certB 验证 signMB 的有效性。

（8）用户 A 将签名上链，包括用户 A 和用户 B 的 DID、合同 M 的哈希值及用户 A 和用户 B 对合同 M 的哈希值的签名。

3.4.3　安全性描述

（1）逻辑安全。

在身份认证环节，利用多 CA 数字签名的方式，避免单 CA 节点问题，通过 UTXO 关联技术将用户数字证书申请、颁发与撤销的全过程相互关联地存储在区块链上，实现用户数字证书在区块链上的可追溯，弥补了 PKI 体系中数字证书存在被伪造的可能的缺陷；使用 UTXO 管理技术管理所有有效颁发的证书，CA 撤销的证书可被及时地从系统的证书管理池（存放在区块链上）中销毁，弥补了 PKI 体系中数字证书撤销不及时的缺陷。

（2）存储安全。

在区块链上存储了合同的哈希值及签名，利用区块链防篡改、可溯源的特性，为合同的防抵赖、防篡改提供保证，增强维权的可靠性和便捷性。

（3）密钥安全。

私钥本地加密保存，并且通过导出备份密钥的方式防止密钥丢失，增强密钥的安全性与便捷性。

（4）数据安全。

利用密钥协商，在传输过程中进行参数加密，合同无须被第三方机构查看，保证数据隐私不泄露。

3.4.4 使用方法

在实现文件签名时，首先要有一个文件签名平台，文件签名平台向证书管理系统申请 CA 证书，证书管理系统向文档签名平台颁发数字证书（此颁发过程的相关信息同时上链存储），证明该平台的身份。另外，用户在此文件签名平台进行注册及实名认证，在认证通过后，文件签名平台为其颁发证书。

在签约阶段，Alice 在合约上签名后，向 Bob 发送合同，Bob 在查看合同内容及 Alice 的签名并确认无误后，用自己的私钥签名合同，同时将加密的合同及签名上链存储。

在司法鉴定阶段，可从链上读取合约的哈希值及其签名，用 Alice 和 Bob 的证书公钥进行验签。

3.5 机器身份

3.5.1 功能简介

机器是秘密的非人类消费者，如机器人、移动终端、服务器、虚拟机、容器、应用程序、微服务、Kubernetes 服务账户、Ansible 节点和其他自动化进程，为机器提供可靠、安全的识别和授权是身份进化很重要的组成部分。你一旦可以对各类机器进行有效识别和授权，就能够使用策略来控制机器可以访问哪些秘密内容，以及还有哪些用户（机器和人员）可以访问指定机器，从而更好地完成操作管理、SSH 访问、流量控制等工作。

特权访问管理（PAM）是身份及访问管理（IAM）的基石之一。IAM 考虑的是确保正确的人有恰当的权限，在正确的时间、以恰当的方式访问应该访问的系统，并且所有牵涉其中的人都认为该访问是正确的。PAM 则是将这些原则和操作简单应用到“超级用户”访问管理上，这个“超级用户”同样适用于机器，机器身份是 PAM 实践最重要的应用场景之一。

3.5.2　流程设计

1．保存秘密及分配权限

秘密保存及权限分配流程如图 3-5-1 所示。

1）名词解释

Host：主机，用来表示机器身份，可以包括服务器、虚拟机、容器、应用程序、微服务等。

host_info：Host 对应的机器信息，用于生成机器身份。

M_ID：机器身份，其是每个 Host 的唯一身份，与 host_info 对应。

variables：定义需要保护的秘密属性，如 ssh 密钥可以是“SSHKey”。

secrets：用户需要保存的秘密，可以是密码、密钥。

PolicyA：权限策略，用于定义秘密属性、保存秘密、定义访问权限。

Layer：一组主机，类似于一组用户，被分配到 Layer（层）中是 Host 获取权限的主要方式。

PolicyB：定义指定 Layer 包含的 Host。

api_key：一组唯一的随机数，每个主机在部署时得到的 api_key 都不一样，在申请获取秘密时需要使用 api_key。

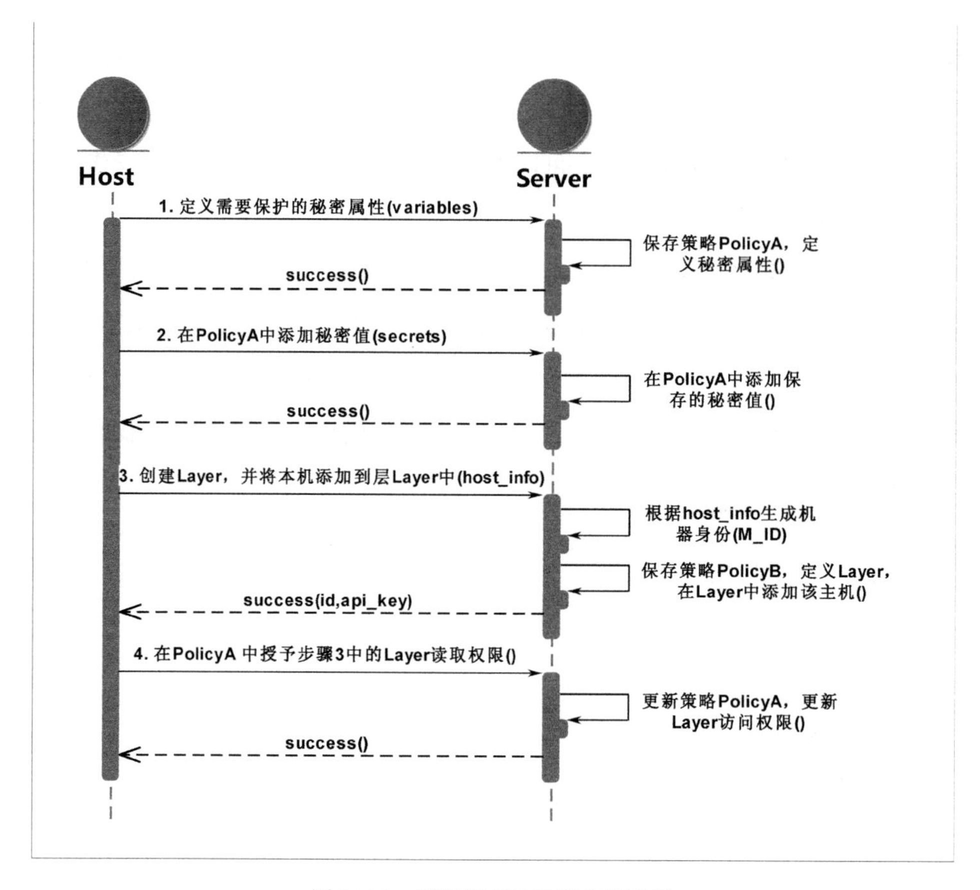

图 3-5-1　秘密保存及权限分配流程

2）流程说明

（1）保存秘密。

Host 向 Server 发起请求，申请创建 PolicyA，定义秘密保护策略中包含的属性，如秘密属性、可访问的权限组等；向 Server 发起请求，申请添加秘密值。

（2）分配权限。

为了保证管理效率，采用层（Layer）管理的访问策略 PolicyB，Host 向 Server 发起请求，申请创建层，并将本机添加到该层中；向 Server 发起请求，在 PolicyA 中添加 PolicyB 定义的 Layer 的访问权限。

完成以上两个步骤后，已经通过 Server 安全地定义了秘密，并且此 Host 已经拥有了访问秘密的权限。

2. 授权访问

1）名词解释

result：机器权限校验结果。

2）流程说明

授权访问流程如图 3-5-2 所示。

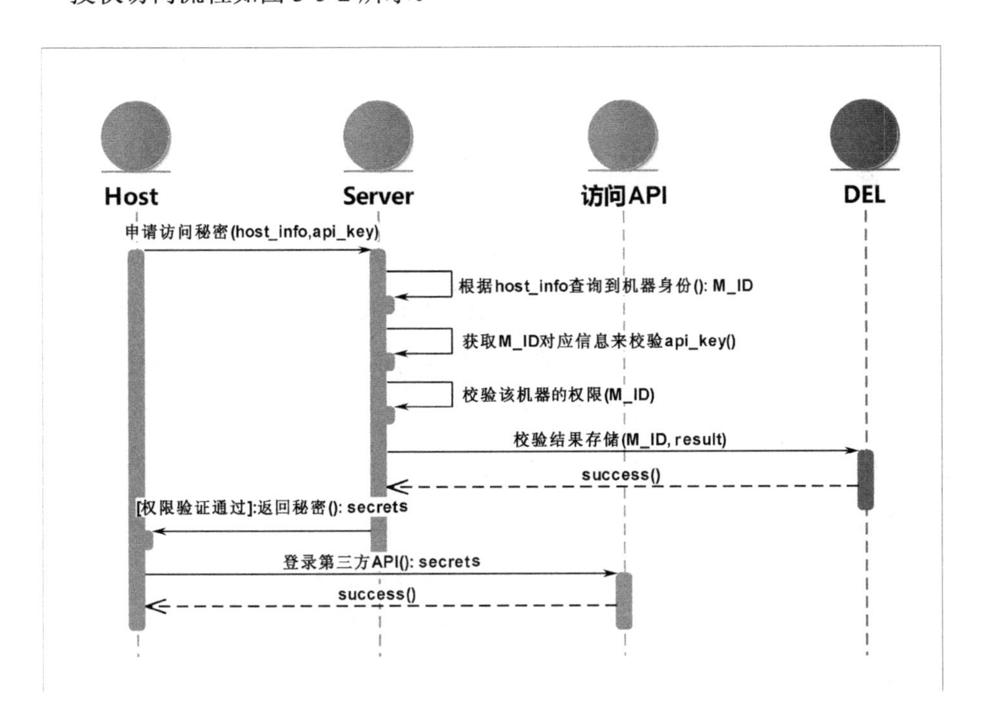

图 3-5-2　授权访问流程

（1）Host 向 Server 申请访问秘密。

（2）Server 通过 Host 的信息 host_info 得到机器对应的唯一的机器身份 M_ID。

（3）Server 通过 M_ID 获取该机器的信息来校验 api_key，确认该机器拥有访问密钥。

（4）在密钥校验通过之后，Server 通过 M_ID 获取该机器在策略中对应的权限。

（5）若权限校验通过，则返回对应的秘密（secrets）。

（6）Host 用秘密（secrets）登录第三方 API。

3.5.3 安全性描述

1. 逻辑安全

（1）增加机器身份验证。

利用主机资源来表示机器身份，为每一台机器提供一个唯一的机器身份。若机器要访问资源，需要先通过机器身份验证。一方面，保证拥有权限的机器被允许操作；另一方面，保证没有权限的机器不被允许操作。

（2）安全地保存秘密。

高效的 DevOps 团队会使用自动化配置管理工具来完成 CI/CD 的实践。CI/CD 的核心是通过 Jenkins、Ansible 等配置工具来实现的。在这种场景下，秘密是这些工具被访问的途径，秘密保护是最重要的事情。目前将这些秘密通过一些不安全的方式硬编码或存储在配置文件或代码中，而机器身份解决方案提供了一套安全的秘密获取方案，不再将秘密存储于配置文件或代码中。

（3）职责分离。

秘密通过每个机器被分配的 Key 值进行区分和获取。这与开发本身无关，不同的团队可以完成各自的工作，而不用考虑秘密的获取问题。

（4）最小化特权管理。

机器身份管理协议提供了非常便捷完善的机器管理策略，策略（Policy）、层（Layer）和组（Group）能方便地为不同的机器定义最准确的访问权限：只授予需要访问的机器特权，只对机器授权需要访问的秘密，特权可以具备有效期。

2. 密钥安全

密钥不在本地保存，通过设置主机权限验证连接请求并管理密钥，提高密钥安全性。

3. 通信安全

通信过程使用一次性密钥，密钥被使用或超时即失效，有效保证通信中的安全性及机器身份认证的可靠性。

交互均采用 https 安全双向通信，进一步保障通信安全。

3.5.4 使用方法

使用机器身份访问授权管理系统，无须被访问的第三方服务（如 Ansible、Kubernetes 服务）集成（第三方服务不必关心是否使用了机器身份访问授权管理系统）。只需进行以下几个步骤，就能实现安全的秘密保存和获取。

（1）保存秘密：需要向系统申请策略，提交需要保存的秘密。

（2）分配权限：向系统申请定义访问策略，定义哪些层（包含一组主机）可以访问秘密。

（3）授权访问：首先根据其机器信息验证其机器身份，然后根据其机器身份查询机器权限，若具有操作权限则返回秘密，若不符合则拒绝。

（4）服务访问：使用步骤（3）获取的秘密实现服务访问。

3.6 隐私保护

3.6.1 功能简介

本节针对隐私泄露问题设计了相关隐私保护方案，包括三部分：密钥管理系统、身份证明中的隐私保护、数据使用中的隐私保护。

1. 密钥管理系统

密钥管理系统包括密钥的生成、保存、备份和恢复。本书中的密钥分为两类：VerifyKey 和 SecretKey。其中，VerifyKey 包括公钥 Ver_PK 和私钥 Ver_SK，用于身份认证；SecretKey 包括公钥 SecretPK 和私钥 SecretSK，用于隐私保护和数字资产保护。

（1）VerifyKey 密钥管理。

VerifyKey 采用软件方式实现，将伪随机数作为私钥 Ver_SK，采用 ECC 算法生成公钥 Ver_PK，公钥 Ver_PK 保存在 DEL 中，私钥 Ver_SK 本地加密保存。

根据秘密共享算法，将私钥 Ver_SK 的密文 Ver_SK′分割为 *N* 个密钥片段，备份在 *N* 个节点中。当本地私钥丢失时，用户向 *N* 个节点发送密钥恢复请求，节点将解密后的密钥片段密文发送给用户，用户随机选择 *t* 个片段来恢复密钥 Ver_SK′并保存到本地，解密后即为 Ver_SK。

私钥 Ver_SK 在使用时可采用逻辑密码（口令、密码等）或生物特征密码（指纹、声纹等）方式，从而降低私钥泄露的风险。

（2）SecretKey 密钥管理。

SecretKey 用于隐私保护和数字资产保护，安全性高于 VerifyKey，因此其采用安全性更高的硬件加密芯片方式实现，包括密码安全芯片和密码设备。

冷钱包是在没有联网的环境中使用的数字资产钱包。冷钱包在离线状态下生成私钥和公钥，并且永远处于离线状态。因此，冷钱包只能用于保存密钥，不能用于查看资产，在使用时需要配合热钱包，即在线钱包。冷钱包在离线状态下动态生成一次性授权二维码，热钱包通过扫描二维码获得授权账户地址，然后即可查看对应账户的在线资产。热钱包在参与资产转移交易时动态生成一次性冷钱包签名二维码，冷钱包扫描二维码后即可签名交易，然后由热钱包完成交易。

2. 身份证明中的隐私保护

身份信息与个人隐私息息相关，在提供身份证明时需要保证隐私信息不被泄露，采用零知识证明技术和 Camenish-Lysyanskaya（CL）签名技术可以在保护用户隐私的前提下提供身份证明。

CL 签名是一种分布式算法，在理论上，签名方签署的并不是消息 m，而是利用 Pedersen 承诺机制得到消息 m 的承诺 M。

3. 数据使用中的隐私保护

用户数据中包含用户隐私信息，当用户将数据托管给云平台时，云服务提供商可能在访问用户数据时泄露用户隐私。

本书采用对称加密、公钥加密技术实现对用户隐私数据的加密云存储，并使用代理重加密技术实现密钥分享和数据授权访问，同时保证云服务提供商不能访问数据，从而保护用户的隐私安全。

3.6.2　流程设计

1．密钥管理系统流程设计

1）SecretKey 密钥管理

SecretKey 采用硬件加密芯片方式实现，以冷钱包为例，SecretKey 密钥管理流程如图 3-6-1 所示。

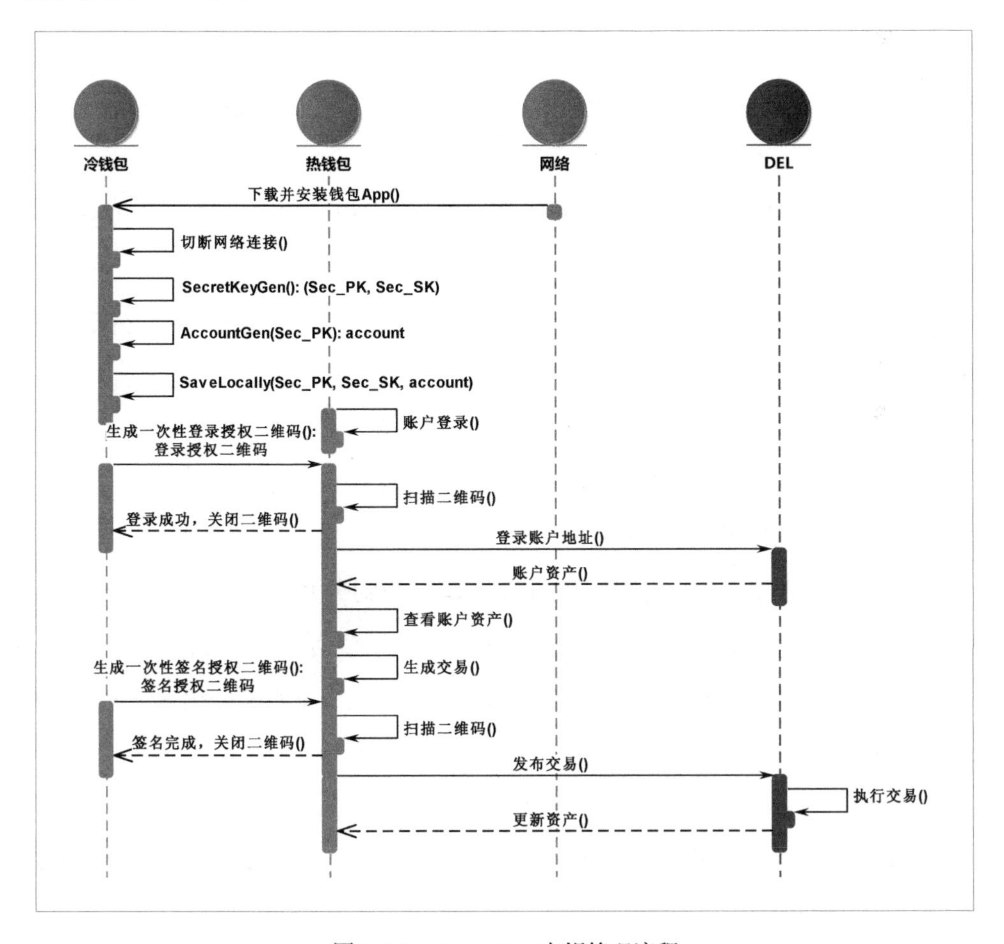

图 3-6-1　SecretKey 密钥管理流程

（1）下载并安装钱包 App，然后切断网络连接，使冷钱包处于离线状态。

（2）冷钱包生成 SecretKey，由硬件加密芯片生成真正的随机数并作为私钥 Sec_SK，由 Sec_SK 生成公钥 Sec_PK，由公钥 Sec_PK 生成账户地址，并保存到冷钱包中。

（3）冷钱包动态生成一次性登录授权二维码，热钱包通过扫描二维码登录账户，查看账户线上资产。

（4）冷钱包关闭登录授权二维码。

（5）冷钱包生成一次性签名授权二维码，热钱包生成交易，扫描二维码后发布交易。

（6）在 DEL 上执行交易，交易结果保存在 DEL 中，同时返回给热钱包。

2）VerifyKey 密钥管理

VerifyKey 的私钥 Ver_SK 采用软方式实现，Ver_SK 的生成、存储、备份和恢复流程如下。

（1）用户调用密钥生成函数 VerifyKenGen，本地生成 VerifyKey 的公私钥对 (Ver_PK, Ver_SK)。

（2）公钥 Ver_PK 上链，然后返回公钥上链结果。

（3）使用公钥 Sec_PK 加密 Ver_SK，得到其密文 Ver_SK′。

（4）将 Ver_SK′保存到本地。

（5）根据秘密共享的门限密码方案，调用密钥分片函数 KeySeparate，将 Ver_SK′分为 N 个片段 Ver_SK_i'（i=1,2,…,N），门限值为 t（$t \leqslant N$）。

（6）选择 N 个节点并将其作为备份节点，分别用各节点的公钥 Sec_PK_i 加密 Ver_SK_i'，得到密文 Ver_SK_i''，其中 i=1,…, N。

（7）将 Ver_SK_i''发送给节点 i，i=1,…, N。

（8）节点 i 将 Ver_SK_i''保存到本地，并将保存成功的消息上链，然后返回给节点 i 和用户 DApp。

（9）用户向任意 t 个节点发送密钥恢复请求。

（10）节点 i 利用私钥 Sec_SK_i 解密 Ver_SK_i''，得到 Ver_SK_i'，然后将 Ver_SK_i'发送给用户，其中 i=1,…,t。

（11）根据 Ver_SK_i'（i=1,…,t）恢复密钥密文 Ver_SK′，然后保存到本地。

（12）利用私钥 Sec_SK 解密 Ver_SK′，得到私钥 Ver_SK，利用私钥 Ver_SK 签名交易 transaction，然后将 transaction 发布到 DEL 中。

VerifyKey 密钥管理流程如图 3-6-2 所示。

2．身份证明中的隐私保护流程设计

CL 签名机制基本方案如下。

（1）初始化算法：在执行签名算法前产生系统参数（q,G,G',g,g',e）。其中，G 和 G' 表示两个乘法循环群；q 为 G 和 G' 的阶；e 为双线性对运算，$e: G\times G \to G'$；g 和 g' 分别为 G 和 G' 的生成元。

（2）密钥生成算法：生成签名私钥并在其基础上计算签名公钥。

① 输入：一系列公开的系统参数（q,G,G',g,g',e）。

② 输出：签名私钥 sk 和签名公钥 pk。

③ 随机选择参数 $x,y,z \in_R \mathbb{Z}_q$，并在此基础上计算：$X = g^x, Y = g^y, Z = g^z$，得到签名私钥 $\text{sk} = (x,y,z)$，签名公钥 $\text{pk} = (q,G,G',g,g',e,X,Y,Z)$。

（3）签名算法：利用签名私钥计算消息签名。

① 输入：签名公钥 $\text{pk} = (q,G,G',g,g',e,X,Y,Z)$、签名私钥 $\text{sk} = (x,y,z)$ 及 (m,r)。其中，m 代表消息；r 一般是为了保护消息而从有限域 $\mathbb{Z}_q$ 中选取的一个随机元素，$r \in_R \mathbb{Z}_q$；m 和 r 都是需要保护的隐私信息。

② 输出：签名 σ。首先，从 G 中选取随机数 $a \in_R G$，然后计算：$A = a^z$，$b = a^y, B = A^y, c = a^{x+xym} A^{xyr}$，得到签名 $\sigma = (a,b,A,B,c)$。

（4）验证算法：利用签名公钥验证输入签名的有效性。

① 输入：签名公钥 $\text{pk} = (q,G,G',g,g',e,X,Y,Z)$、签名 $\sigma = (a,b,A,B,c)$ 及 (m,r)。

② 输出：true 或者 false。

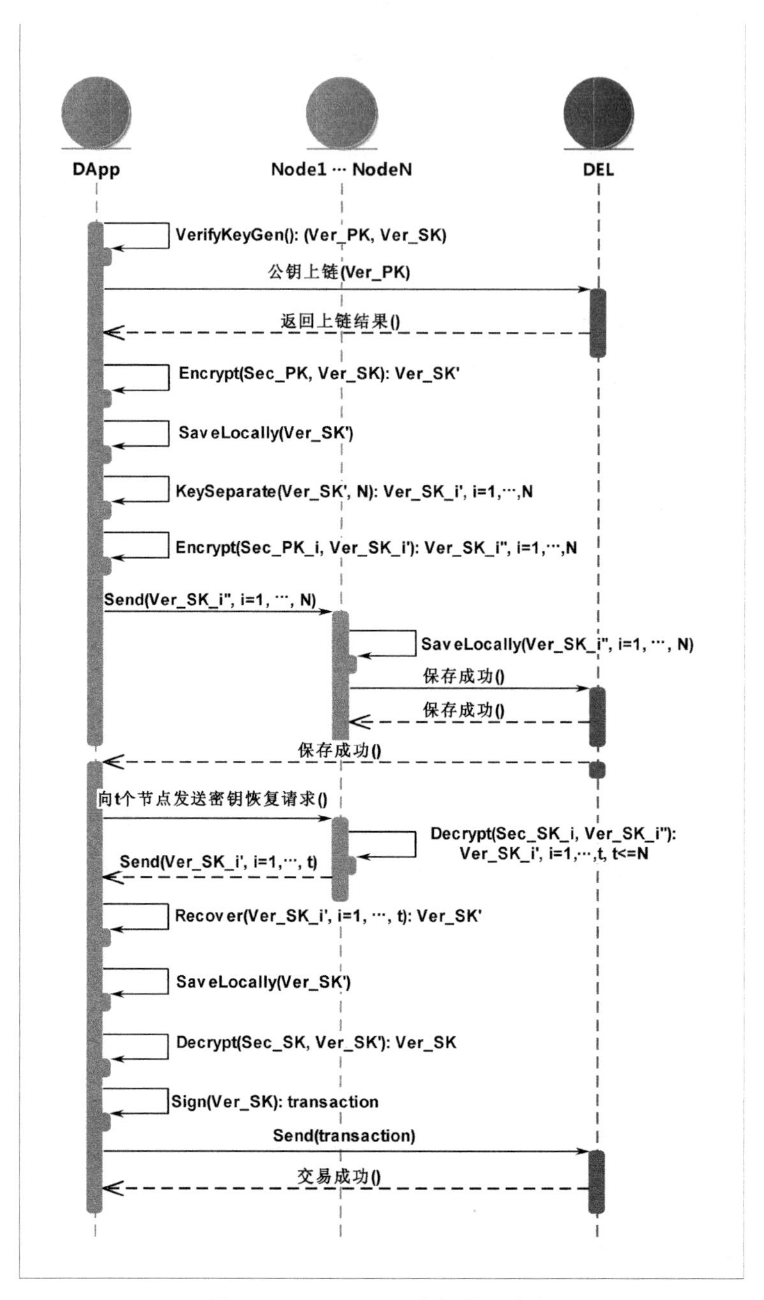

图 3-6-2 VerifyKey 密钥管理流程

验证如下：

① 验证签名 A 的合法性，即验证等式 $e(a,Z)=e(g,A)$ 是否成立；

② 验证签名 b 和 B 的合法性，即验证等式 $e(a,Y)=e(g,b)$ 和等式 $e(A,Y)=e(g,B)$ 是否成立；

③ 验证签名 c 的合法性，即验证等式 $e(X,a)e(X,b)^m e(X,B)^r=e(g,c)$ 是否成立。

若以上等式全部成立，则证明签名 (a,b,A,B,c) 的验证通过，其是一个合法的签名，输出 true；否则输出 false。

3．数据使用中的隐私保护流程设计

数据使用中的隐私保护是非常有意义的研究方向，代理重加密、零知识证明、同态加密、安全多方计算等都是极具特点的加密方案，但在具体工程落地时各有优势和缺点。本节将以加密云存储为例，介绍采用对称加密、公钥加密及代理重加密技术实现云端加密数据授权访问的设计方案，具体流程如下。

（1）Alice 调用对称密钥生成算法 SymKeyGen 生成对称密钥 K，用于加密隐私数据 data。

（2）Bob 调用非对称密钥生成算法 AsymKeyGen 生成非对称密钥对(PKb, SKb)，用于加密/解密对称密钥 K，然后将公钥 PKb 上链，并返回上链结果。

（3）Alice 调用非对称密钥生成算法 AsymKeyGen 生成非对称密钥对(PKa, SKa)，用于加密/解密对称密钥 K，然后将公钥 PKa 上链，并返回上链结果。

（4）Alice 使用对称密钥 K 调用对称加密算法 SymEncrypt 加密隐私数据 data，得到密文 data′。

（5）Alice 使用公钥 PKa 调用非对称加密算法 AsymEncrypt 加密对称密钥 K，得到密钥 Ka′。

（6）Alice 将 data′和 Ka′上传到 Cryptic Cloud 中，并返回上传结果。

（7）Alice 使用私钥 SKa 和公钥 PKb，调用重加密密钥生成算法 ReKeyGen，生成重加密密钥 rk，然后将 rk 上传到 Cryptic Cloud 端，并返回上传结果。

（8）Cryptic Cloud 使用 rk 调用重加密算法 ReEncrypt，对 Ka′进行重加密，得到 Kb′。

（9）Bob 从 Cryptic Cloud 中下载 data′和 Kb′。

（10）Bob 使用私钥 SKb，调用非对称解密算法 AsymDecrypt 解密 Kb′，得到对称密钥 *K*。

（11）Bob 使用对称密钥 *K*，调用对称解密算法 SymDecrypt 解密 data′，得到隐私数据 data。

云端加密数据授权访问流程如图 3-6-3 所示。

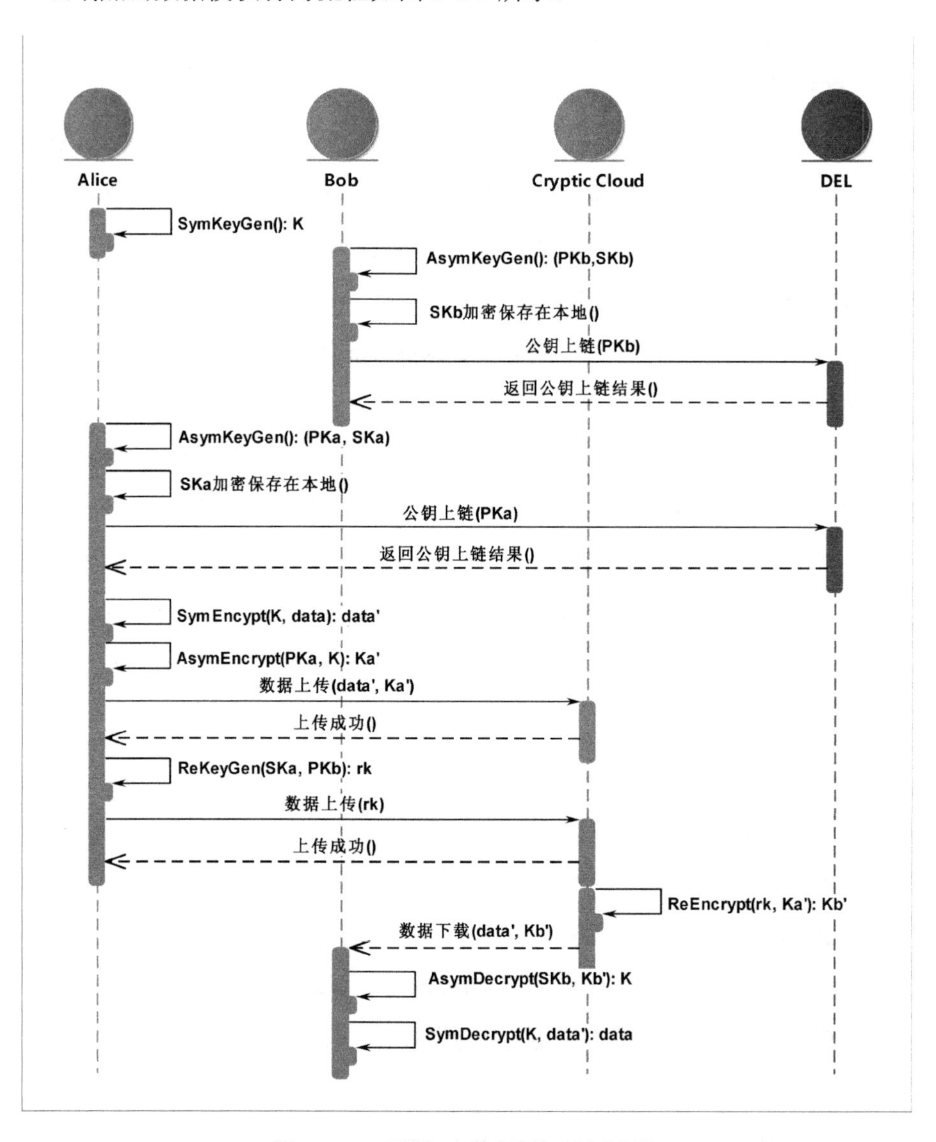

图 3-6-3 云端加密数据授权访问流程

3.6.3 安全性描述

VerifyKey 私钥本地加密保存，降低了密钥泄露的风险；SecretKey 采用硬实现方式（如冷钱包），离线保存和使用密钥，安全性更高。

采用零知识证明技术和 CL 签名提供身份证明并隐藏身份隐私信息，避免了用户隐私的泄露，同时实现身份证明功能。

隐私数据以密文形式存储在云端，避免了隐私的泄露；采用代理重加密技术，由云服务提供商完成重加密，在保证用户隐私安全的前提下实现数据的授权访问。

3.7 基于区块链的身份认证系统研究

2017 年年底，我们参与了中国人民银行数字货币优秀课题的申报和评选，以“基于区块链的身份认证系统研究”为题参评，并有幸被评为优秀课题。2019 年，随着 Libra 白皮书发布和中国人民银行数字货币研究所的研究成果逐渐走向实际应用，数字货币与数字货币安全成为金融与科技行业的一大热点问题。

随着移动支付等金融科技的飞速发展，数字货币作为一种更安全、更便捷的交易方式，被越来越广泛地应用于各类交易场合。数字货币体系多通过密码学技术保障货币安全，具有可追踪性、可编程性，数字货币有望逐步替代传统纸质货币，成为未来货币体系的重要部分。但相对于传统纸币货币，数字货币的发行和流通对互联网的依赖性更强，面临的安全风险也更大。因此，可以预见，在未来的数字货币时代，数字货币的安全体系将成为最重要的基础设施之一。

我们着重研究了数字货币发行、流通过程中的身份认证和隐私保护问题，在现有 PKI 体系和 IBS/IBE 体系的基础上，结合区块链、无证书签名、零知识证明、智能合约等技术，提出了基于区块链的身份认证方案，包括 BA-PKI 身份认证、BA-IBS 身份认证与 BA-PP 隐私信息保护三部分，设计并实现了去中心化身份认证系统——BA 系统。该系统的核心优势：有效解决了 PKI 公钥体系中可能存在的身份伪造、私钥泄露、密码算法使用不当等安全问题，弥补了 IBS/IBE 体系中可能存在的密钥托管中心泄露用户私钥、用户私钥吊销困难等缺陷，并通过零知识证明等技术保障了用户身份认证过程中的隐私安全，为法定数字货币安全体系的建设提供了一套兼顾安全性与便捷性的身份认证解决方案。

3.7.1 研究背景

1. 发行数字货币的必然性

数字货币的诞生和发展具有历史必然性。迄今为止，货币的发展共经历了实物货币、金属货币、信用货币、电子货币及数字货币几大重要阶段。数字货币是网络社会经济和科技发展到一定阶段的必然产物，是满足货币流通的安全性与便捷性需求的存在，代表未来货币存在形式的发展方向。自 2008 年中本聪提出加密数字货币的概念以来，数字货币凭借其有别于传统货币的天然优势（如高流通性、高安全性等）迎来井喷式发展，成为数字科技革命的伟大结晶。

近年来，大量涌现并迅猛发展的私人数字货币对现存经济金融体系造成一定的冲击，为维护货币体系乃至整个金融体系的稳定，主权货币当局势必积极响应，采取同等甚至更先进的技术来研究数字货币的发行。现有的数字货币多存在价值不稳、公信力不强、可接受范围有限、容易产生较大负外部性等根本缺陷。由央行推动发行法定数字货币，以国家信用为保证发行数字货币，可最大范围地实现线上与线下同步应用，最大限度地提升交易便利性与安全性。与此同时，发行和推广法定数字货币无疑具有巨大的政策效益与社会效益：完全数字化的运行方式将提升央行对货币供给与货币流通的控制力，降低传统纸币发行、流通的高昂成本，提升经济交易活动的便利性和透明度，惠及经济与社会发展。

央行已释放出推进数字货币体系的强烈信号并在多方面着手部署，已取得阶段性成果。2014 年，成立专门的研究团队；2015 年，展开对数字货币运行框架、关键技术的深入研究；2016 年年初，召开中国人民银行数字货币研讨会；2017 年 7 月，中国人民银行数字货币研究所正式挂牌成立。一系列举措都表明，数字货币的发行势在必行。

2．发行数字货币的安全挑战

国际经验表明，数字货币具有区别于传统纸币与电子化支付手段的先天优势。已有多个国家开始研究发行法定数字货币，英国的 RSCOIN、加拿大的 CAD-Coin、厄瓜多尔的 Sistema de Dinero Electrónico 及俄罗斯的 CryptoRuble 等已初见成效，数字货币具有非常广阔的应用前景。但从以往数字货币发展的历程来看，由黑客攻击导致的数字货币失窃或资料外泄的案例屡见不鲜，数字货币发行流通的安全保障须进一步提升。

2014 年 2 月 7 日，黑客对世界最大规模的比特币交易所 Mt.Gox 发起交易延展性攻击，成功骗取了数十万比特币，Mt.Gox 被迫停止比特币提取业务，引发交易混乱，随后 Mt.Gox 宣布破产；Bitfinex 数字货币交易平台曾被爆遭黑客攻击，导致近 12 万比特币（总价逾 6000 万美元）被盗，引发轩然大波。随着加密数字货币领域的日益壮大，黑客的攻击渠道也将日渐增多。

私人数字货币在发展过程中经历的安全风险事件值得法定货币发行当局深思与借鉴。在数字货币发行的前瞻性决策阶段，除基本的原型架构设计外，央行需要将基于原型架构设计的安全体系设计纳入考量。

对于我国发行法定数字货币的原型构想，央行相关领导就现实国情做出过基本规划。中国人民银行副行长范一飞曾在一系列讲话中对法定数字货币的形态和运行框架做出充分阐述，其认为我国法定数字货币的发行倾向于遵循传统的“中央银行—商业银行”二元模式，因为可以“更容易地在现有货币运行框架下让法定数字货币逐步取代纸币，而不颠覆现有货币发行流通体系”，并能够“调动商业银行积极性，共同参与法定数字货币发行流通”。中国人民银行数字货币研究所前所长姚前也表示，法定数字货币的设计要点是“遵循传统货币的管理思路，发行和回笼基于现有‘中央银行—商业银行’的二元体系来完成”。数字货币交易将在纯数字空间进行，身份认证与鉴权技术将成为确保交易安全性、合法性与真实性的关键。

在现行人民币体系下，我国商业银行的身份鉴权大多依赖 PKI 安全认证架构的数字证书技术，但 PKI 体系尚存在诸多安全隐患。2010 年，一个名为“震网”

的病毒窃取了台湾瑞昱（Realtek）公司的数字证书私钥，导致普通计算机设备无条件信任了该病毒，造成大面积工业设备感染。2014 年 4 月，轰动一时的 OpenSSL（数字证书服务基础软件，在 PKI 中扮演关键角色）心脏出血漏洞导致超过 50 万张 X.509 证书处于失密风险中，根据 Netcraft 的说法，事后约有 3 万张证书得到补发，撤销的证书并不多；截至 2014 年 5 月 9 日，仅 43%的受影响网站重发了自己的安全证书。此外，在重发的安全证书中，有 7%使用了可能已泄露的密钥。“若重复使用密钥，曾受心脏出血漏洞影响的网站仍将面临与尚未更换 SSL 证书的网站一样的风险。”每周电脑报称，心脏出血漏洞是“可能持续数月甚至数年的危险”。可见，在基础软件出现安全事故后，PKI 体系并未能快速响应，无法迅速消除由安全事故带来的长期风险。

综上所述，私人数字货币屡遭攻击的安全事件及目前广泛应用的 PKI 体系暴露出的安全隐患都表明，现存的身份认证体系难以应对数字货币时代身份认证安全面临的挑战。因而，亟须革新传统的身份认证体系，引入更安全、严密的金融科技与数字科技，构建身份认证解决方案，为数字货币的发行安全、流通安全及数字货币用户的账户安全提供坚实的安全基础。

3. 基于区块链的身份认证系统

我们针对数字货币发行流通体系中的身份认证环节，设计并实现了一种基于区块链的身份认证系统（Blockchain-based Authentication System，BA 系统），致力于为数字货币体系提供一套兼顾安全性、便捷性与隐私保护的身份认证解决方案。BA 系统的设计充分考虑了央行在数字货币体系的顶层设计思路，我们在过去 6 年对银行行业的科技服务的经验基础上，融合最前沿的技术理论，期望能为我国的法定数字货币事业贡献一份力量。

BA 系统基于一个去中心化的区块链，充分吸收了以密码学、比特币为代表的国际开放技术社区多年来的技术积累与理论突破，包括 zkSNARKs、基于椭圆曲线的双线性配对理论、快速区块广播、隔离见证、Merkle 跳表快速检索等。参与身份认证的各方（认证节点、用户节点及其他服务节点）均可加入区块链，通过共识协议完成身份管理，他们既可以作为 BA 区块链全节点参与共识，也可以通过 SPV 轻节点（适用于移动设备）的方式参与共识。去中心化的 BA 系统能提供高强度的安全保障，避免单点安全风险，用户通过 BA 区块链可设置自身节点的身份信息，也可验证其他用户节点或认证节点的身份。此外，BA 系统基于 PKI 体系与 IBS/IBE 体系（基于身份的公钥签名与加密体系），支持用户在临时离线状态下的身份认证。

兼顾用户个人隐私的保护与监管是 BA 系统重点关注的问题，通过采用基于双线性配对理论的信息隐藏技术、zkSNARKs 零知识证明技术，用户可选择将一部分个人隐私信息加密隐藏后提交并作为身份凭证的一部分。如此一来，即使认证节点被攻击，也不会导致用户隐私信息泄露。

BA 系统的核心优势如下。

（1）基于区块链的去中心化身份认证体系，安全可靠且具良好的可扩展性。

（2）基于 PKI 体系，兼容现有银行已部署的数字证书系统，使用区块链技术弥补 PKI 体系的不足。

（3）引入基于身份的公钥签名与加密体系，在高安全性的前提下提高用户使用体验。

（4）提供保护用户隐私信息的手段，解决用户数字货币钱包私钥丢失问题。

（5）同时支持在线身份认证与离线身份认证。

我们已于 2017 年年底完成了 BA 系统的原型开发，系统整体具有良好的可扩展性和通用性，在节点数量多达 50 个的测试环境中，可保持 5 秒左右的平均出块速度，并能以每秒 80 笔事务的吞吐量长时间稳定运行。对于低频率的大额支付、交易与结算场景，现有的原型系统可以支持在链（On-chain）认证，对于超过万笔每秒的小额交易，可以采取链下（Off-chain）认证方式。

3.7.2　研究内容

1. 主要研究内容

（1）数字货币发行端的身份认证问题及解决方案研究。

（2）数字货币流通端的身份认证问题及解决方案研究。

（3）身份认证流程中的用户隐私保护研究。

（4）基于区块链的去中心化身份认证系统的设计与实现。

2．理论与技术难点

（1）兼容二元体系的身份认证。

（2）设计去中心化的身份认证系统，在保证安全性的同时，具备良好的可扩展性。

（3）防止单点用户身份信息泄露。

（4）解决用户私钥丢失/被盗带来的安全问题与管理问题。

3．技术突破与创新

（1）提出并实现了一种基于区块链 UTXO 模型的 PKI 体系。

（2）提出并实现了一种基于区块链的 IBS/IBE 无证书签名认证与加密体系。

（3）提出并实现了一种隐私信息保护方案。

（4）设计并实现了一个去中心化多认证中心的身份认证系统。

（5）实现了采用隐匿地址的可控匿名方案。

4．主要业务场景

（1）数字货币发行端的身份认证。

（2）金融体系管理与风险管控。

（3）银行间的同业拆借。

（4）数字货币钱包认证。

（5）数字货币钱包找回。

（6）交易明细及余额查询。

（7）智能交易与智能合约。

3.7.3 研究成果

1．基于区块链的身份认证系统

基于区块链的数字货币安全体系是整个数字货币发行与流通系统运转的基

石，保障数字货币安全的核心技术架构涉及包括身份认证安全、用户终端安全、交易数据安全、通信网络安全等在内的众多安全模块建设，其中身份认证安全无疑是数字货币发行和流通（尤其是流通）的核心安全问题。

我们从身份认证安全的角度入手，提出并构建了基于区块链的身份认证系统（BA系统），旨在建立一个开放、可信、安全、便捷的身份认证系统，为数字货币的发行与流通提供具备高安全性、高便捷性的确权认证与身份校验服务。该系统可作为数字货币发行与流通系统中的基础安全组件，在可控匿名设计中扮演重要角色。认证机构对被授权的数字货币机构的确权认证（验证各机构的身份，然后进行相关授权）、各数字货币机构对用户的身份认证（验证用户身份，然后颁发身份凭证），以及用户对用户的身份认证（验证对方身份，然后与之交易）等相关身份认证功能的实现都将纳入身份认证系统的基础架构设计。

BA 系统对 PKI 体系与 IBS/IBE 体系进行了有机融合，同时支持机构或个人用户进行 PKI 认证或 IBS/IBE 认证。针对银行及其他金融机构用户，可采用基于区块链的 PKI 认证方式进行认证；而对普通用户而言，基于 IBS/IBE 的认证方案更加方便快捷。通过引入区块链技术，可将传统的 CA、IBS/IBE 中的密钥托管中心（KGC）去中心化，同时将证书或密钥分发过程进一步透明化，可有效解决 PKI 体系、IBS/IBE 体系中的如下问题。

（1）在 PKI 体系中，CA 机构可能存在滥用颁发证书、伪造身份的风险。

（2）在 PKI 体系中，CA 机构与普通用户的私钥存在泄露风险，缺少身份认证可信度。

（3）在 PKI 体系中，证书的不及时吊销可能引入较大的安全风险。

（4）在 PKI 体系中，如果证书密码算法使用不当，会增加证书伪造风险。

（5）在 IBS/IBE 体系中，存在 KGC 滥用权力、伪造用户身份的可能性。

（6）在 IBS/IBE 体系中，用户私钥由 KGC 产生，存在 KGC 泄露用户私钥的可能性。

（7）在 IBS/IBE 体系中，用户私钥在丢失后难以吊销。

为便于读者深入理解 BA 系统的基本框架、运作机制及其各子系统的功能实现，下面对 BA 系统及其子系统涉及的相关概念进行说明。

BA 系统的内涵界定：称其为“身份认证系统”，首先因为它是一个能提供与身份认证相关的整套服务、集安全性与便捷性于一身的有机整体，可运用到数字货币安全系统中，也适用于其他功能场景。该系统涉及多类认证服务且适用于多类认证场景，在提供基本认证功能的同时，支持与认证相关的功能服务（如证书/私钥的申请、颁发、吊销），并且具有一套完备的运转机制（如各认证节点的互动机制、认证信息的保护机制等），该系统可作为数字货币发行流通体系的基础安全组件。“基于区块链”指的是整个认证系统建立在区块链之上，利用区块链运作机制的先天优势来构建整个认证系统。认证过程在区块链上发生，认证结果也被记录和保存在区块链中，供各节点查询，其具有开放性、匿名性、不可篡改性等区块链的基本特征。作为区块链技术与密码学技术完美融合的存在，BA 系统消除了传统密码学中众多潜在安全风险，同时提升了身份认证过程的便捷性，能够给数字货币体系中的身份认证带来全新体验。

BA 系统的基本构成：针对数字货币发行端身份认证安全、流通端身份认证安全及数字货币用户隐私保护三大安全模块，分别建立了基于区块链的 PKI 身份认证子系统（BA-PKI 子系统）、基于区块链的 IBS 身份认证子系统（BA-IBS 子系统）以及基于区块链的隐私信息保护子系统（BA-PP 子系统）。

BA 系统示意如图 3-7-1 所示。

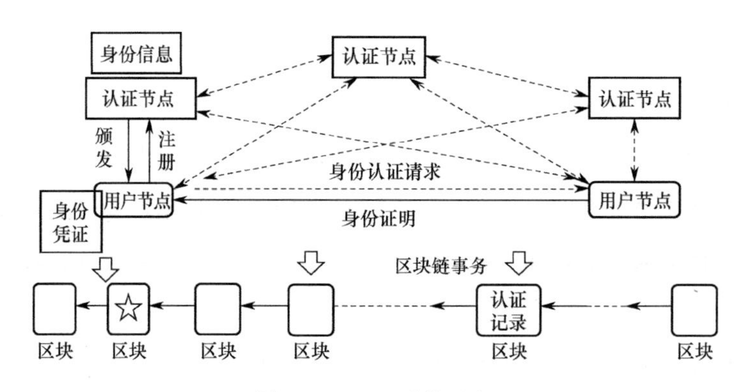

图 3-7-1 BA 系统示意

BA 系统的相关要素如下。

（1）区块链节点（Node）：接入区块链网络的任意一个客户端都是一个节点，所有节点通过共识协议产生区块，区块链节点主要包括认证节点与用户节点。

① 认证节点：扮演身份认证的关键角色，其功能一般是在核实普通节点的身份后为其颁发密钥（IBS/IBE）或者颁发证书（PKI）。认证节点可以是存管机构、独立的认证机构、具有权威性的政府部门等，保存用户的加密身份信息或利用信息隐藏技术保护的身份信息。这类节点参与共识，拥有记账权。

② 用户节点：区块链上客户端数字钱包的使用者，有权发起区块链事务，但是不参与记账。其可以选择保存区块链，也可以选择不保存区块链，依附于若干授信的全节点来查询历史区块信息。

（2）区块（Block）：区块是区块链的组成部分，用于存储有价值的信息。本系统中的区块主要存储以下信息：区块产生的时间、本区块的哈希值、前一区块的哈希值、各条通信消息及区块高度。

（3）区块链事务（Transaction）：由区块链节点之间的交互产生的消息或事件，携带相关的事务内容、数字签名、智能合约与带外数据。在比特币等加密数字货币术语中，其也被称为“交易”，为了不与数字货币中的金融交易一词产生混淆，本书统一使用“事务”一词来表示一个区块链节点向一个区块链地址发起的一笔“交易”。我们讨论的区块链事务主要有以下三类。

① 认证节点之间的事务：认证节点之间需要通过认证事务进行相互认证，达到建立一个信任网络的效果；认证节点需要通过区块链事务来公布用来验证签名的公钥。

② 用户节点和认证节点之间的事务：认证节点须在线下核实用户身份后为用户颁发证书或相关密钥，用户可向认证节点申请重置或吊销身份信息，这些都需要通过发起相关事务来完成。

③ 用户节点之间的事务：在需要认证身份的场景（如数字货币的转账与支付等）中，两个用户节点可通过事务完成在线身份单向或双向验证。

（4）区块链地址（Address）：任何区块链节点在加入区块链之前，需要产生一对公私钥，其中公钥经过处理后产生一个字符串并作为区块链地址，其是认证事务的接受者标识。

BA 系统与数字货币二元体系的结合：基于区块链的身份认证系统可以运用到多类场景中，它可以作为数字货币安全系统的一个独立子系统模块，提供发行机构、存管机构及数字货币用户几大基本角色之间与身份认证相关的服务。

货币发行流通体系的身份认证系统架构如图 3-7-2 所示。

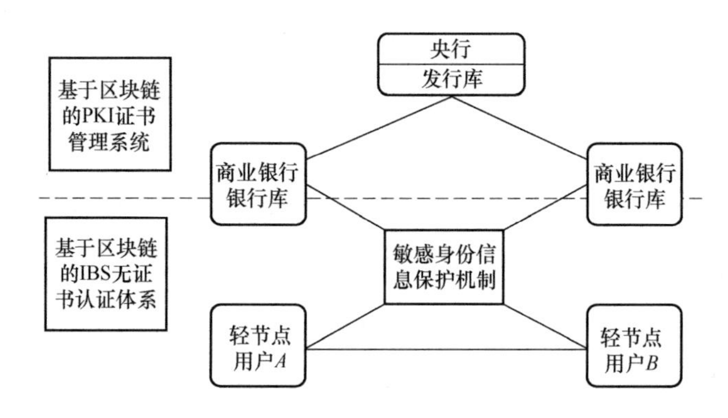

图 3-7-2 货币发行流通体系的身份认证系统架构

在作为独立子系统提供身份认证服务时，在 BA-PKI 身份认证子系统中，发行机构作为根证书（根 CA）的持有者，可以通过区块链向存管机构提供证书颁发、证书吊销、单向或双向的证书查询服务，从而实现对存管机构身份的认证和管理；在 BA-IBS 身份认证子系统中，轻节点用户可以向存管机构及其他认证中心申请基于自身 ID 信息的主密钥并生成公私钥对，用于在日常交易中认证自身身份。

在作为交易系统和身份认证系统的结合体时，BA 系统可以协助货币的发行、流通，并保障该过程中的身份认证安全，在 BA-PKI 身份认证子系统中，发行机构可在借助 CA 证书认证身份后，通过区块链将数字货币从发行机构转入存管机构，再从存管机构转入用户数字货币钱包，完成数字货币的发行过程；在 BA-IBS 身份认证子系统中，数字货币钱包用户可以借助区块链进行身份认证和相关交易，从而完成数字货币的流通。

2．BA-PKI 身份认证子系统

基于二元分级式建设思路，各存管机构与发行机构共同维护法定数字货币发行、流通体系的正常运行，接受发行机构下发的数字货币，认证数字货币用户并受发行机构委托向其发放数字货币。可见银行作为被信任的一方，其身份安全问题极为重要。为解决银行及其他金融机构的身份安全问题，我们在 BA 系统中设计与实现了 BA-PKI 身份认证子系统（简称“BA-PKI 子系统”）。

BA-PKI 认证体系结合了区块链技术公开、去中心化、可追溯等优点，弥补了 PKI 体系的缺陷，为数字货币二元体系中银行等金融机构的身份安全问题提供了一套全新的解决方案，成功实现了“不依赖 CA、难以伪造证书、可及时撤销证书”。

BA-PKI 子系统可用于数字货币发行端，解决银行等金融机构的身份安全问题。如图 3-7-3 所示，BA-PKI 子系统由 P2P 网络（又称为对等网络，是一种在对等者之间分配任务和工作负载的分布式应用架构）中的众多节点组成，该网络系统中的节点主要有两类，一类是代表发行机构、存管机构及金融机构的用户节点，另一类是 CA 节点。

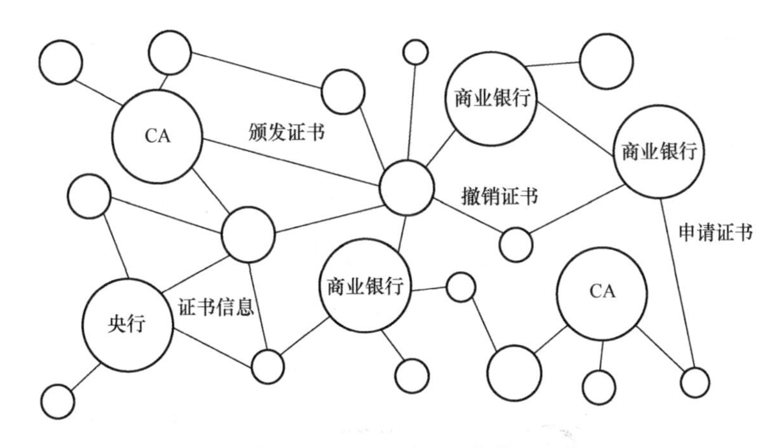

图 3-7-3　BA-PKI 子系统基本构成示意图

该子系统基于区块链设计与构建，弥补了 PKI 体系的种种缺陷，主要体现在以下三点。

（1）通过 UTXO 关联技术将用户数字证书申请、颁发与撤销的全过程相互关联地存储在区块链上，实现用户数字证书在区块链上的可追溯，消除了 PKI 体系中数字证书存在被伪造的可能的缺陷。

（2）使用 UTXO 管理技术管理所有有效颁发的证书，CA 撤销的证书可被及时地从 BA-PKI 子系统的证书管理池（存放在区块链上）中销毁，消除了 PKI 体系中证书撤销不及时的缺陷。

（3）使用分布式 CA 管理模式，即用户证书的颁发与撤销需要多个 CA 提供数字签名，使得即使单个 CA 私钥泄露，攻击者也无法伪造用户数字证书，极大降低了单个 CA 私钥泄露带来的危害，弥补了 PKI 体系中过度依赖单个 CA 的缺陷。若发生类似“OpenSSL 心脏出血漏洞”的安全事件，BA-PKI 子系统可将安全风险降至最低。

1）BA-PKI 子系统实现

在 BA-PKI 子系统中，UTXO 关联技术具体表现为申请证书事务 Tx1 的输出被用作颁发证书事务 Tx2 的输入，颁发证书事务 Tx2 的输出被存放在 BA-PKI 系统的证书管理池（BA 网络中每个用户及 CA 节点都会维护的一个动态列表，用于更新颁发/撤销的证书名单）中。申请证书事务 Tx1 中包含证书签名请求（CSR），颁发证书事务 Tx2 中包含已完成签名的有效证书（Cert）。

BA-PKI 子系统的分布式 CA 管理模式体现为申请证书事务 Tx1 的输出需要锁定多个 CA 的公钥，颁发证书事务 Tx2 的输入需要使用多个 CA 的数字签名。

BA-PKI 子系统证书申请示意图如图 3-7-4 所示。

BA-PKI 子系统证书颁发示意图如图 3-7-5 所示。

BA-PKI 子系统证书申请与颁发流程图如图 3-7-6 所示。

撤销数字证书：在证书管理池中找到对应证书的颁发证书事务 Tx2 的输出，由 CA 生成一个撤销证书事务并将该输出销毁。

查询数字证书：在证书管理池中查询对应证书的颁发证书事务 Tx2，并在该事务的具体内容中找到证书。

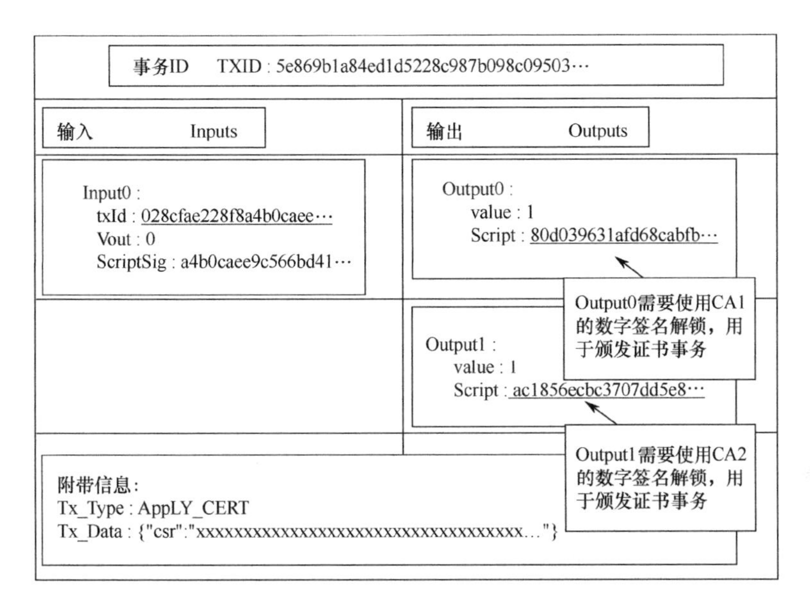

图 3-7-4　BA-PKI 子系统证书申请示意图

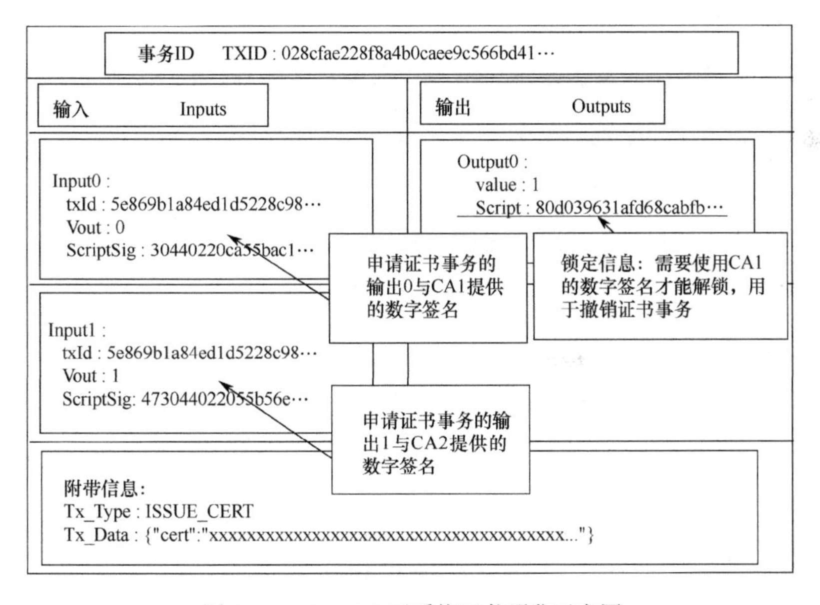

图 3-7-5　BA-PKI 子系统证书颁发示意图

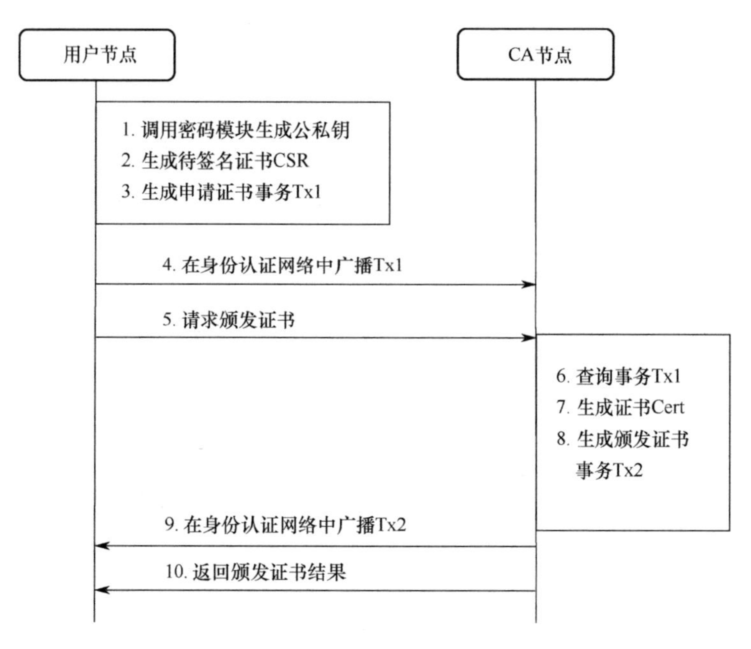

图 3-7-6 BA-PKI 子系统证书申请与颁发流程图

2）BA-PKI 子系统的理论基础

BA-PKI 子系统的理论基础包括用户生成的自身节点的公私钥对、各节点之间每笔事务使用的数字签名与验签等，相关公式如下。

（1）用户生成自身节点的公私钥对的过程。

私钥：利用随机数发生器产生随机数 d_A。

公钥：$D_A = d_A G$（G 为椭圆曲线的一个基点）。

（2）签名过程。

对被签名数据 M 进行置换（Z_A 为关于用户 A 的可辨别用户标识）：

$$\bar{M} = Z_A \| M$$

计算哈希值：

$$e = H_v(\bar{M})$$

取随机数 k，计算椭圆曲线点：

$$(x_1, y_1) = [k]G$$

生成签名结果(r, s)：

$$r = (e + x_1) \bmod n$$

$$s = \left((1 + d_A)^{-1}(k - rd_A)\right) \bmod n$$

（3）签名校验。

置换：

$$\bar{M} = Z_A \| M$$

计算：

$$e = H_v\left(\bar{M}\right)$$

计算：

$$t = (r + s) \bmod n$$

计算椭圆曲线点：

$$\left(x_1, y_1\right) = [s]G + [t]P_A$$

计算：

$$R = \left(e + x_1\right) \bmod n$$

检查r与R是否相等，若相等则签名校验通过。

3．BA-IBS 身份认证子系统

在数字货币二元体系中，普通用户作为流通端的主体，拥有从银行存/提取货币、与其他用户进行交易等需求，故普通用户的身份安全问题也极为重要。然而 PKI 证书管理体系对大量普通用户的身份认证来说过于烦琐，使用并不便捷，普通用户需要一种更为便捷的个人身份认证方式。

我们采用基于身份的无证书签名技术与区块链技术，设计并实现了 BA-IBS 身份认证子系统（简称“BA-IBS 子系统”），为普通用户的身份认证提供解决方案。

1）现有的 IBS 公钥认证技术

IBS 算法是一种新兴且正在发展中的公钥密码算法。这种密码算法的设计目标是让通信双方在不需要交换公私钥、不需要保存密钥目录、不需要第三方提供认证服务的情况下，保证信息交换的安全性并可以验证相互之间的签名。

Paterson 和 Sehuldt 提出了第一个标准模型下高效的基于身份的无证书签名方案，该方案基于 Water 提出的 Water-Hash 方案。无证书签名方案的特色在于，密钥生成中心 KGC（Key Generation Center）仅负责为用户生成私钥的一部分，用户在拿到部分私钥后，需要再结合自身的保密信息生成完整的公私钥，即用户掌握着私钥的另一部分，避免了对 KGC 的过度依赖。

2）BA-IBS 子系统实现

为满足数字货币体系中大量普通用户的身份认证需求，我们采用基于身份的无证书签名技术，结合区块链技术，设计并实现了 BA-IBS 子系统。在该子系统中，银行或其他被授权的金融机构能够作为认证节点为普通用户提供身份担保，担保方式为由认证节点向普通用户颁发公私钥。普通用户能够作为用户节点进行身份认证以证明自身身份，身份认证的方式为使用认证节点颁发的私钥进行数字签名。

BA-IBS 子系统具有以下优点。

（1）采用了 IBS 无证书签名技术，使得用户的身份信息被包含在用户公钥中，相比于难以辨识的 PKI 公钥，包含身份信息的公钥使用起来更便捷。

（2）采用了区块链技术，使得认证节点为用户节点颁发公私钥对的过程与用户身份认证的过程都公开透明且易于监管。在认证节点为用户节点颁发公私钥时，BA-IBS 子系统使用了与 BA-PKI 子系统相同的 UTXO 关联技术，将认证节点为用户节点颁发公私钥的全过程相互关联地记录在区块链中。

（3）基于区块链技术实现了 BA 系统中认证节点（KGC）的去中心化，利用多个 KGC 进行认证，降低了单点安全风险。

接下来，我们将详细介绍 BA-IBS 子系统中银行为用户颁发公私钥对、用户身份认证及银行撤销用户公私钥对的详细过程。

BA-IBS 子系统密钥颁发流程如图 3-7-7 所示。

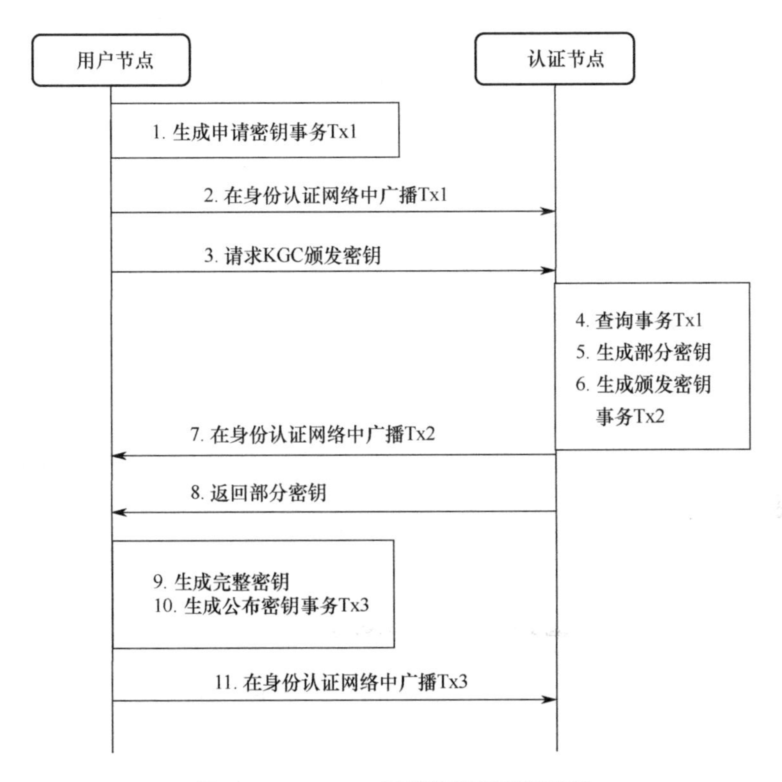

图 3-7-7 BA-IBS 子系统密钥颁发流程

（1）颁发公私钥对：在 BA-IBS 子系统中，认证节点向用户节点颁发公私钥对的过程主要包括用户节点生成并广播申请密钥事务（见图 3-7-8）、认证节点生成并广播颁发密钥事务（见图 3-7-9）与用户节点生成并广播公布公钥事务（见图 3-7-10）。

（2）用户身份认证：在 BA-IBS 子系统中，用户通过生成并广播身份认证事务进行身份认证。进行身份认证的用户需要在身份认证事务中提供认证节点所颁发私钥的数字签名，在该事务中，用户可以提供多个认证节点所颁发私钥的数字签名。身份认证网络中的所有节点可以通过校验数字签名来验证身份认证事务的正确性。若该身份认证事务被身份认证网络中大部分节点校验通过，用户身份认证成功。BA-IBS 子系统身份认证流程如图 3-7-11 所示，BA-IBS 子系统身份认证示意图如图 3-7-12 所示。

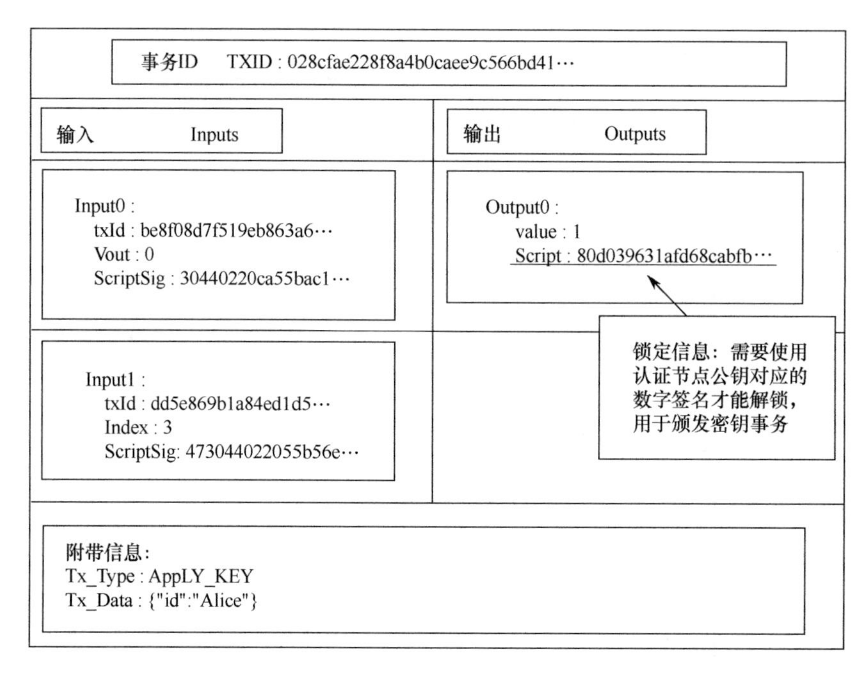

图 3-7-8 BA-IBS 子系统申请密钥示意图

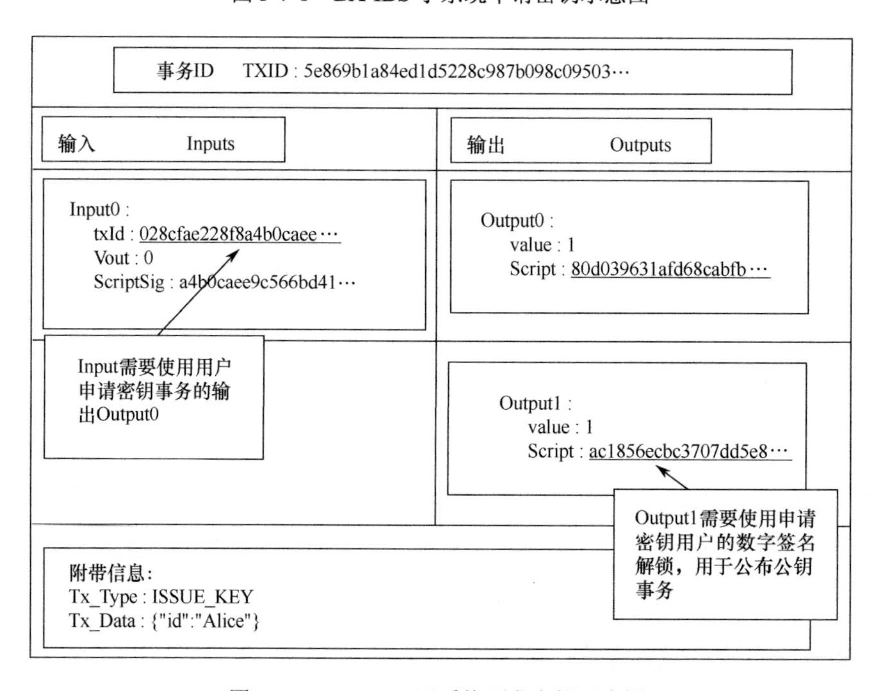

图 3-7-9 BA-IBS 子系统颁发密钥示意图

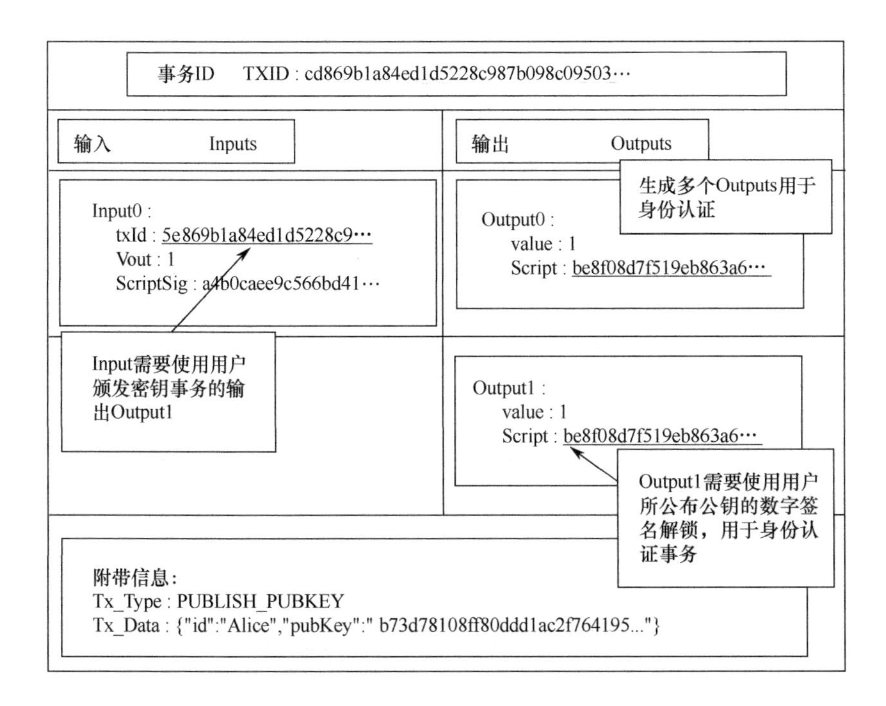

图 3-7-10　BA-IBS 子系统公布公钥示意图

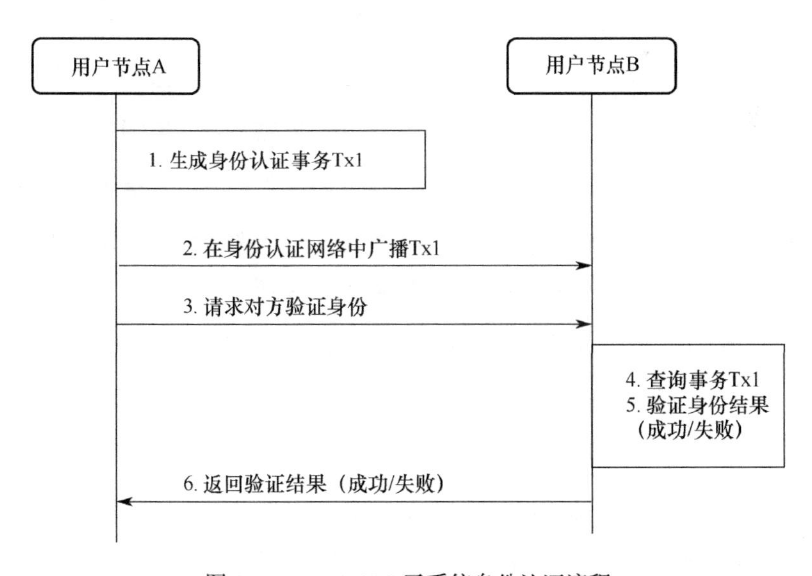

图 3-7-11　BA-IBS 子系统身份认证流程

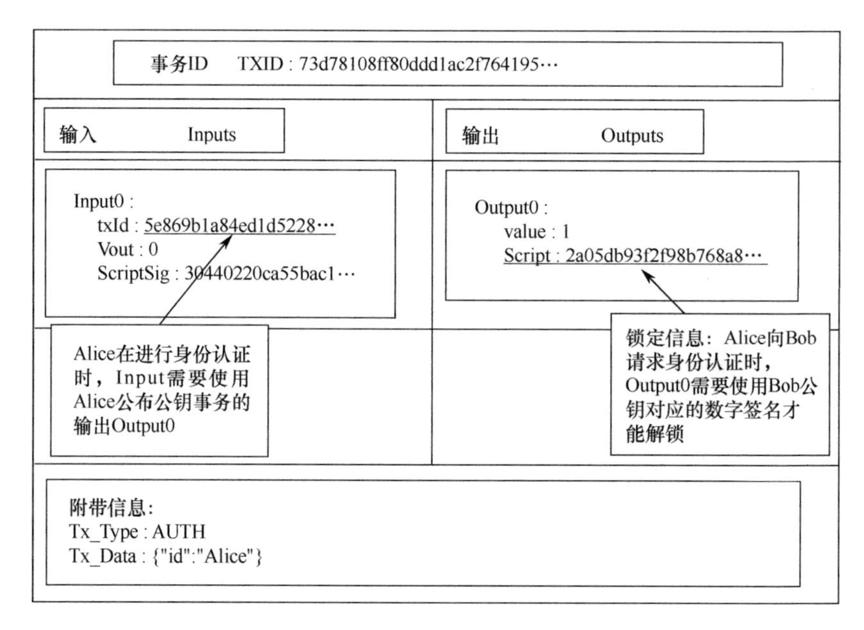

图 3-7-12 BA-IBS 子系统身份认证示意图

（3）撤销用户公私钥对：在 BA-IBS 子系统中，当需要撤销用户公私钥对时，认证节点能对该节点已颁发的公私钥对进行撤销。撤销公私钥对有两种场景，一种是由用户申请，在用户节点发出申请撤销公私钥对事务后撤销公私钥对；另一种是在认证节点判定该公私钥对需要被撤销时进行撤销。在撤销公私钥对时，认证节点根据对应的颁发密钥事务生成并广播撤销密钥事务，该事务的输入包括颁发密钥事务的输出及申请撤销密钥事务的输出（在根据用户申请撤销公私钥对的场景中）。BA-IBS 子系统密钥撤销流程如图 3-7-13 所示。

综上所述，BA-IBS 子系统为数字货币流通端普通用户的身份认证问题提供了一整套公开、便捷、安全的身份认证机制。

3）BA-IBS 无证书理论基础

我们设计与实现的 BA-IBS 子系统涉及 IBS 无证书签名的生成密钥对、双线性映射及签名、验签等密码学算法，下面将具体介绍相关算法基础。

（1）生成密钥对。

首先，用户向 KGC 申请颁发密钥对，并传递其 ID 给 KGC；

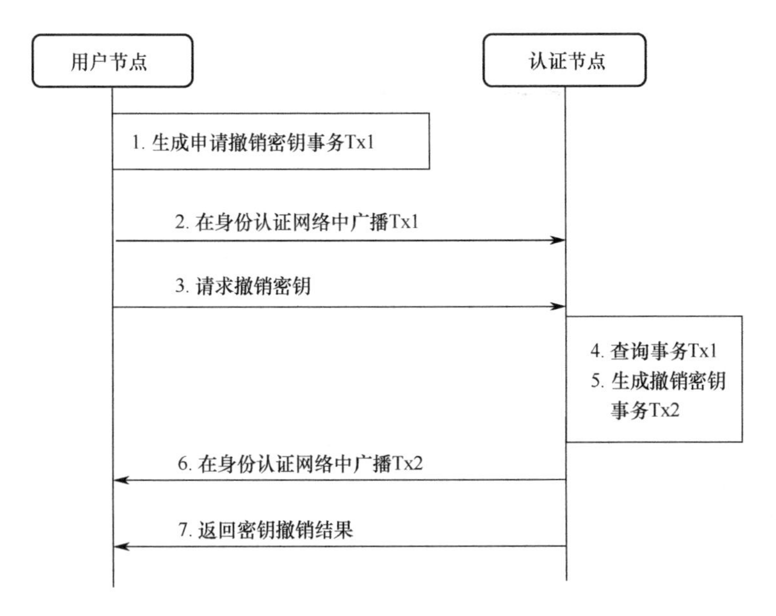

图 3-7-13　BA-IBS 子系统密钥撤销流程

其次，KGC 生成主密钥 s，并提供公开参数 P_0 与 P，P_0 由 P 和 s 计算得到：

$$P_0 = sP$$

再次，KGC 根据用户 ID 的哈希值 Q_A 和 KGC 的主密钥 s 生成部分私钥 D_A：

$$Q_A = H_1(\mathrm{ID}_A)$$

$$D_A = sQ_A$$

最后，用户根据 KGC 返回的部分私钥 D_A，与一些秘密信息 x_A 结合后生成完整的私钥 S_A：

$$S_A = x_A D_A$$

与此同时，根据 KGC 的公开参数 P_0、P，以及 x_A 生成对应的密钥对 (X_A, Y_A)：

$$X_A = x_A P$$

$$Y_A = x_A P_0 = x_A sP$$

（2）双线性映射。

双线性映射是身份密码机制的基础。如果映射 e 满足双线性，给定

$Q,W,Z \in G_1$，则有如下特性：

$$e(Q,W+Z)=e(Q,W)+e(Q,Z)$$

$$e(Q+W,Z)=e(Q,Z)+e(W,Z)$$

$$e(aQ,bW)=e(Q,W)^{ab}=e(abQ,W)$$

（3）签名。

选取随机数 a，使用 KGC 公开信息 P 执行双线性配对（Pairing）运算：

$$r=e(aP,P)$$

对加密信息 M 与 r 进行哈希运算：

$$v=H(M,r)$$

再根据哈希值 v、私钥 S_A、随机数 a 和公开信息 P 进行运算：

$$U=vS_A+aP$$

输出签名 $\langle U,v\rangle$。

（4）验签。

利用双线性映射的规则检查公钥合法性，确保：

$$e(X_A,P_0)=e(Y_A,P)$$

再利用双线性映射的规则，计算：

$$r=e(U,P)e(Q_A,-Y_A)^v$$

检查如下等式是否成立，相等则签名正确：

$$v=H(M,r)$$

4. BA-PP 隐私保护子系统

为减少密钥丢失带来的危害，我们设计并实现了 BA-PP 隐私保护子系统（简称“BA-PP 子系统”）。在该子系统中，用户在丢失密钥时可通过向存管机构等认证节点提供有效身份信息（如安全问题的答案等）来更换密钥。

1）BA-PP 子系统实现

BA-PP 子系统使用了零知识证明技术，能够在对用户身份进行认证的同时，保证用户隐私信息不暴露在网络中，实现了用户信息的隐匿性。BA-PP 子系统的实现结合了 BA-IBS 子系统，BA-IBS 子系统中的用户节点在向认证节点申请密钥时，会设置其身份信息。

下面详细介绍 BA-PP 子系统基本功能的实现过程，包括颁发密钥及设置身份信息、验证身份信息及撤销密钥证书。

BA-PP 子系统密钥颁发及身份信息设置流程如图 3-7-14 所示。

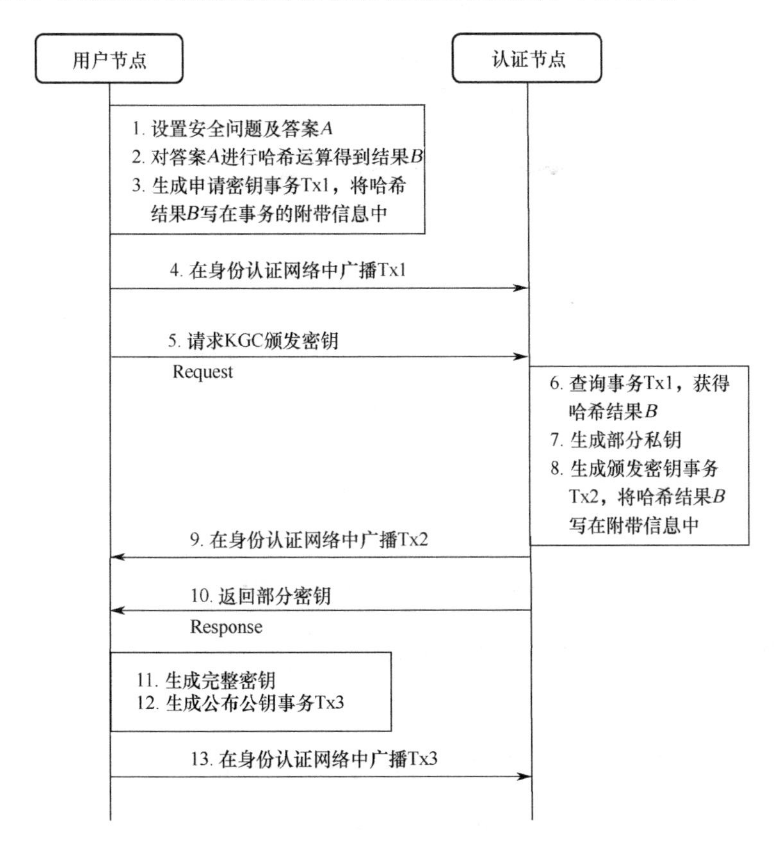

图 3-7-14　BA-PP 子系统密钥颁发及身份信息设置流程

（1）用户节点设置安全问题及答案 A。

（2）用户节点对安全问题的答案 A 进行哈希运算得到哈希结果 B。

（3）用户在通过网络请求向认证节点申请颁发密钥时，将 *B* 同步传输给认证节点。

（4）认证节点在生成颁发密钥事务时，将 *B* 写在事务的附带信息中。

通过以上四个步骤，用户的身份信息就在身份认证系统中设置完成了。

BA-PP 子系统身份信息验证及密钥撤销流程如图 3-7-15 所示。

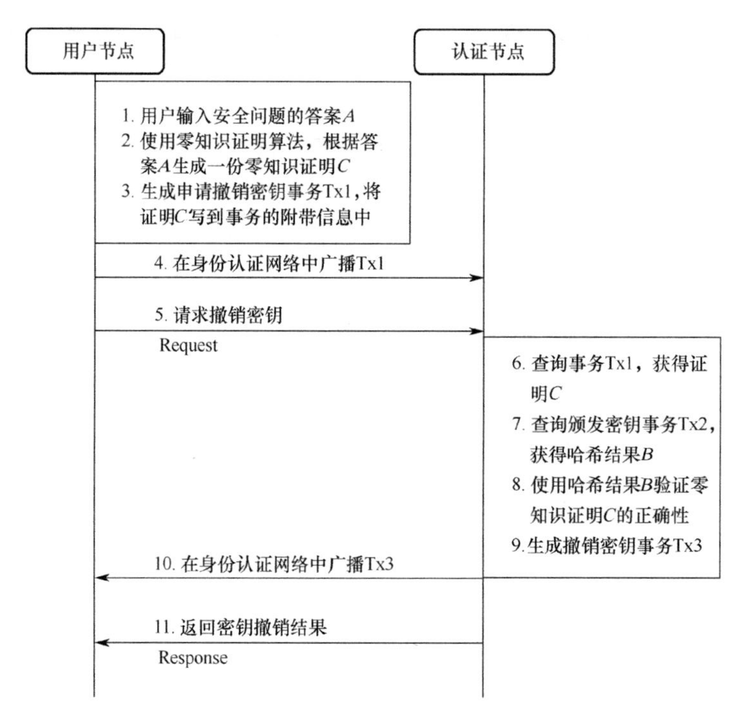

图 3-7-15 BA-PP 子系统身份信息验证及密钥撤销流程

用户使用身份信息撤销密钥的过程如下。

（1）用户节点输入安全问题的答案 *A*。

（2）用户节点将安全问题的答案 *A* 作为参数，调用零知识证明算法中的生成证明函数，生成一份零知识证明 *C*。

（3）身份认证网络中的任何节点都能够利用生成的这份证明 *C* 与之前设置的安全问题的答案的哈希结果 *B*，调用零知识证明算法中的验证函数，验证生成这份证明 *C* 的人是否拥有安全问题的答案 *A*。所有节点在验证证明 *C* 与哈希结果 *B*

时，并不知道安全问题的答案 *A*，但是能够检验生成证明 *C* 的用户是否拥有安全问题的答案 *A*。

（4）用户节点在生成申请撤销密钥事务时，将证明 *C* 写入事务的附带信息。

（5）认证节点查找到颁发密钥事务中写入的哈希结果 *B* 与申请撤销密钥事务中的证明 *C*，将 *B* 和 *C* 作为参数，调用零知识证明算法中的验证函数来验证证明 *C* 的正确性。

（6）如果证明 *C* 验证通过，认证节点生成撤销密钥事务，撤销用户密钥。

2）BA-PP 子系统的理论基础

为了实现用户信息的隐匿性，我们提出的 BA-PP 子系统使用了 zkSNARKs 零知识证明技术，实现过程如下。

首先，将需要证明的程序（如哈希函数）转换到约束系统中；然后，将约束转换成为 QAP（Quadratic Arithmetic Program），即将程序每个约束中的数值比较转换成多项式比较。由于约束非常多，因而多项式规模非常庞大，但是由 Schwartz-Zippel 定理可知，在没有正确的多项式时，无法按要求输出所需的值。QAP 由一系列多项式组成，证明者要想证明自己拥有知识，就需要将程序作为多项式的线性组合，将自己的知识作为多项式的参数，代入多项式进行计算。但在一个公开的系统中，证明者暴露自己的参数就会导致知识泄露，多项式泄露会导致任何人都能生成证明。这就带来了一个问题：如何既保护多项式又保护参数，还可以判断参数代入多项式后的结果是否正确？

例如，现有加密函数 $E()$，Alice 想要给 Bob 一个证明，Alice 拥有 $x=3$、$y=4$、$x+y=7$，Alice 发送 $E(x)$、$E(y)$、$E(x+y)$给 Bob，Bob 计算 $E(x)+E(y)$是否等于 $E(x+y)$，如果是，则证明 Alice 确实拥有 x、y 的值。将这一例子中的问题进行扩展，则多个多项式在线性组合后依然可以进行类似的运算。Alice 想给 Bob 一个证明，但实际上需要将 Alice 的参数代入 Bob 的多项式进行计算，双方都不想泄露自己的信息，于是可利用上述思路校验多项式与给定结果是否相等。对于这个至关重要的函数 $E()$，我们可以利用椭圆曲线 Pairing 运算来实现。经过 $E()$加密的数值依然可以满足多项式运算特性，同样可以利用 Schwartz-Zippel 定理判断等价性，具体过程如下。

（1）Alice 产生 4 个多项式 L、R、O、H。

（2）Bob 产生一个随机数 $s \in \mathbb{F}_p$，然后计算 $E(T(s))$。

（3）Alice 对 s 加密后，将计算结果发送给 Bob，如

$$E(L(s))、E(R(s))、E(O(s))、E(H(s))$$

（4）Bob 检查等式是否成立：

$$E(L(s)R(s)-O(s))=E(T(s)H(s))$$

但通过 $E(L(s))$、$E(R(s))$、$E(O(s))$、$E(H(s))$ 和 $L(s)$、$R(s)$、$O(s)$、$H(s)$ 可以推断，结果不是某个特定 s 生成的，不满足零知识的性质，于是需要在结果中引入一些不影响校验的随机扰动，即 Random T-shift：

$$L_z = L + \delta_1 T$$

$$R_z = R + \delta_2 T$$

$$O_z = O + \delta_3 T$$

到目前为止，依然需要 Alice 发送 s 给 Bob，依然没有非交互式特性，接下来我们讨论如何增加这个特性。采用 CRS（Common Reference String，公共参考字串）模型，在系统建立初期引入随机数 s：

$$\left(E_1(1),E_1(s),\cdots,E_1(s^d),E_2(\alpha),E_2(\alpha s),\cdots,E_2(\alpha s^d)\right)$$

然后公开该字串，在生成证明与校验证明时，都引用由随机数 s 构造出的加密值。

（1）生成证明。

从公开参数中选取需要的值，计算：

$$a = E_1(P(s))$$

$$b = E_1(aP(s))$$

（2）校验证明。

选取 x、y 并计算：

$$a = E_1(x)$$

$$b = E_2(y)$$

$$E(ax) = e(E_1(x), E_2(a))$$

$$E(y) = e(E_1(1), E_2(y))$$

如果两个函数的计算结果相等，那么意味着 $ax = y$，校验通过。

5. 技术实现与实验测试

1）技术实现

本书方案中阐述的 BA 系统主要使用 Go 语言开发，可跨平台运行。值得一提的是，我们开发的区块链基础架构具有较强的通用性，可适用于本书提到的三种方案：

（1）BA-PKI 身份认证子系统；

（2）BA-IBS 身份认证子系统；

（3）BA-PP 隐私保护子系统。

基于区块链的身份认证系统技术体系如图 3-7-16 所示，我们广泛采用了密码学和区块链的各种优秀技术，并将其融合到一个体系中，如图 3-7-17 所示是 BA 系统程序模块组件。

在具体技术实现上，我们采用最新区块链技术及密码学技术，以提升整个 BA 系统的性能、安全性和可扩展性，其中以下三项技术尤为重要。

（1）隐匿地址：设想如下场景，商户将收款地址发布在印刷物上，如果是类似比特币、以太坊的收款地址，由于这类系统的所有交易全部公开，所以任何人都可以看到与商户地址相关的交易，但是商户又不希望别人分析自己的交易和客户来源，所以便有了隐匿地址的需求。隐匿地址可以让商户使用一次性公开地址，客户根据隐匿地址生成不同的一次性地址，通过 Diffie-Hellman 密钥交换，商户可以随时提取一次性公开地址中的数字货币。BA 系统使用了该项技术，能够满足普通节点的隐私需求。

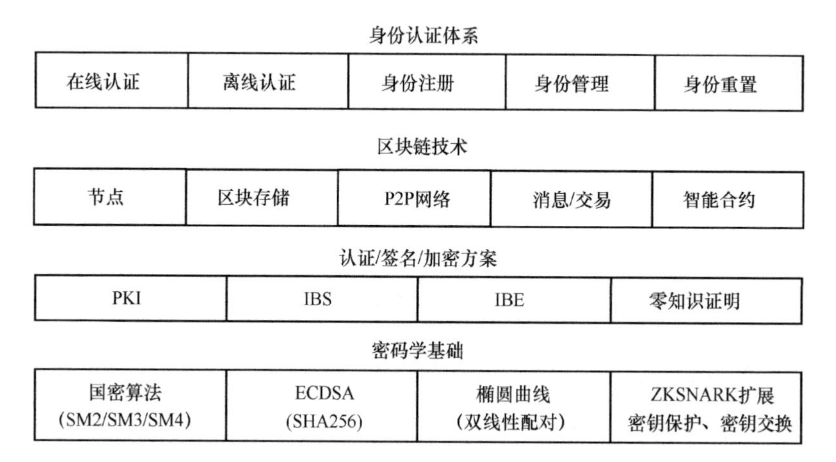

图 3-7-16 基于区块链的身份认证系统技术体系

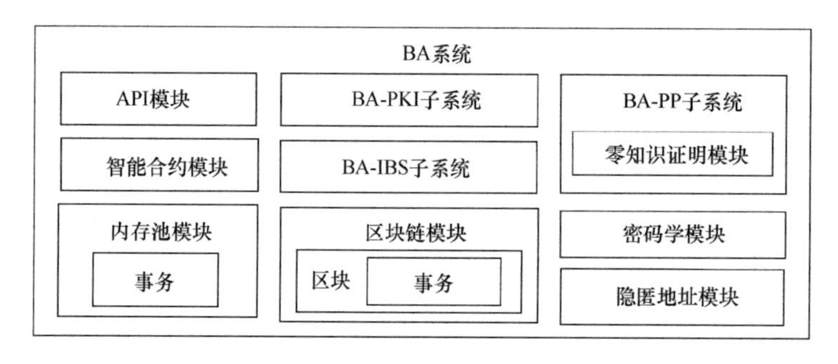

图 3-7-17 BA 系统程序模块组件

（2）Merkle Skip List：通过这项技术，节点可以直接接收最新区块，从最新区块向前快速跳转，从而校验整个区块链的合法性，避免从创世区块开始逐块检索并检查交易合法性。BA 系统采用该技术来提升区块检索和交易验证效率。

（3）基于 IBLT（可逆布隆查找表）的大区块快速同步技术：IBLT 是一种特殊的数据结构，其特点在于，对于两个差异不大的数据集，在其中任意一方生成 IBLT 后，另一方可以将自己的数据集作用在接收到的 IBLT 上，将差异数据恢复出来，使自己的数据集与对方的数据集保持一致。由于 IBLT 的数据追加都是异或操作，所以可以在处理数千笔交易的情况下，仅产生几百字节的 IBLT。在区块链网络中，全球的节点内存池内容差异并不大，但是矿工在竞相挖矿后需要广播区块，由于每个节点的交易与其他节点的交易差异不大，这样就有了优化区块广播的思路：矿工在挖出新区块后，广播 IBLT 至全网，节点可以将收到的 IBLT 作用到自己的交易集合上，恢复出矿工的有效区块，从而降低网络负担并加速矿工的区块广播。BA 系统通过此项技术有效降低整个系统的网络开销。

表 3-7-1 和表 3-7-2 分别介绍了 BA 系统的基本程序信息和基础组件技术选型。各节点区块链本地使用 boltdb 存储，在生产应用场景下支持 1TB 以上存储量的高负载运行。区块信息在本地数据库中以键值对（Hash-Block）的形式存在。根据最新区块中上一个区块的哈希值，可查找到上一个区块，以此类推，可完整复原出整条区块链。此外，节点间的通信交互及各类事务与其他区块信息一起，在序列化后存入区块。BA 系统主体采用 Go 语言开发，IBS 及零知识证明模块则使用 C/C++开发封装，通过 cgo 完成调用。

表 3-7-1　BA 系统基本程序信息

开发语言	开发环境	程序包大小	初始化启动时间	理论支持环境
Go 语言	Linux	17 MB	2s	Linux Windows MacOS

表 3-7-2　BA 系统基础组件技术选型

基础组件名称	技术选型
存储	boltdb（一个开源的 k/v 存储数据库）
工作量证明	SHA256
零知识证明	zkSNARKs
API 路由	iris（一个开源的高性能 Web 框架）
数字签名	Elliptic Curve Digital Signature Algorithm (ECDSA) ID-Based Signature (IBS)
加解密算法	ID-Based Encryption (IBE) SM2 SM3 SM4
依赖库	libff（有限域与椭圆曲线基础库） libffqfft（快速傅立叶变换计算库） libsnark（zkSNARKs 基础库） GNU Multiple Precision Arithmetic Library（大数运算库）

如表 3-7-3 所示为 BA 系统区块链模块基本参数。在本系统中，出块时间、区块大小等参数可以作为配置项较方便地进行调整。我们经过大量测试，选取了当前较为合适的参数，可保证测试环境中整个系统的高可靠性和一致性，实现较高的吞吐率。在具体落地的应用场景下，则需要根据实际需求和分布式网络规模对参数进行调整。

表 3-7-3 BA 系统区块链模块基本参数

项目名称	参数信息
区块大小	2 MB
出块时间（Average）	5s（根据难度调整）
共识机制	工作量证明（PoW: SHA256）
记账方法	UTXO 模型

2）实验测试

我们已实现了前述方案中的各种功能，具体如表 3-7-4 所示。

表 3-7-4 BA 系统已实现的功能列表

组件名称	基本功能
BA-PKI 子系统	银行节点申请证书
	CA 节点颁发证书
	CA 节点吊销证书
	任意节点查询证书及操作记录
BA-IBS 子系统	普通节点申请密钥对
	KGC 节点颁发密钥对
	用户进行身份认证
	KGC 节点撤销密钥对
	用户查询密钥对
BA-PP 子系统（主要是零知识证明模块）	keypair 参数生成
	生成证明
	验证证明

表 3-7-5 列出了在实际测试环境中的节点配置，测试系统主要为 Linux，节点之间采用千兆交换机直连。在整个功能测试过程中，各节点区块正常同步，并可正常完成上述功能。

表 3-7-5　测试环境节点配置示例

机型	CPU	内存	网络连接带宽	操作系统
虚拟机（50 台）	4 核	8 GB	千兆	CentOS 7.2
台式机	4 核	8 GB	千兆	Ubuntu 16.04
笔记本	4 核	16 GB	千兆	Arch Linux
笔记本	2 核	4 GB	百兆	Ubuntu 16.04

如表 3-7-6 所示为 BA 系统事务处理性能测试结果。测试条件为表 3-7-4 列出的各类功能混合，测试网络节点数量为 20 台，旨在测试在收到大量待处理事务时，BA 系统能否正常稳定地工作。随着事务数量的增加，BA 系统平均区块产生时间呈现轻微增加趋势，但始终保持在 5s 左右。平均区块包含事务数量为 495 条，而随着事务数量的增加，系统的 TPS 均值由峰值 93 条/s 轻微下降到了 30000 条时对应的 85 条/s。猜想此处性能轻微下降的原因可能是大量事务积压内存池，以及节点间区块同步和消息广播消耗了系统和网络资源。另外，随着区块数量的增加，各节点的本地数据库体积逐步稳定增长。经数据分析，该增长在合理的线性关系内。如图 3-7-18 所示，随着事务数量的增加，TPS 均值最终保持在每秒 80 多条的水平。未来，我们计划从优化区块同步机制、精简事务大小、调整区块大小和优化共识机制等方面来提升 BA 系统分布式事务处理的吞吐量和稳定性。

表 3-7-6　BA 系统事务处理性能测试结果

事务数量（条）	平均区块产生时间（s）	平均区块包含事务数量（条）	耗时（s）	TPS 均值（条/s）	本地数据库体积增长（MB）
100	5.0	100	5	20	0.34
300	5.0	300	5	60	1.11
1000	5.5	500	11	91	3.74
3000	5.3	500	32	93	11.10
10000	5.6	500	112	89	34.76
30000	5.7	491	352	85	102.24
100000	5.6	490	1142	87	331.05

我们还研究了 BA 系统的节点扩展能力，具体如表 3-7-7 所示。测试条件为 10000 条混合功能，网络节点数量由 5 个增至 50 个。随着节点数量的增加，TPS 均值只出现了轻微的下降，稳定在约 80 条/s，说明 BA 系统拥有较好的节点扩展

能力。TPS 均值的下降与 P2P 节点间广播通信机制有关，当网络规模变大时，存在节点响应不及时甚至无响应的情况，从而成为分布式系统的短板。我们下一步将从优化 P2P 节点筛选策略和通信协议等角度入手，进一步提升 BA 系统的吞吐能力。

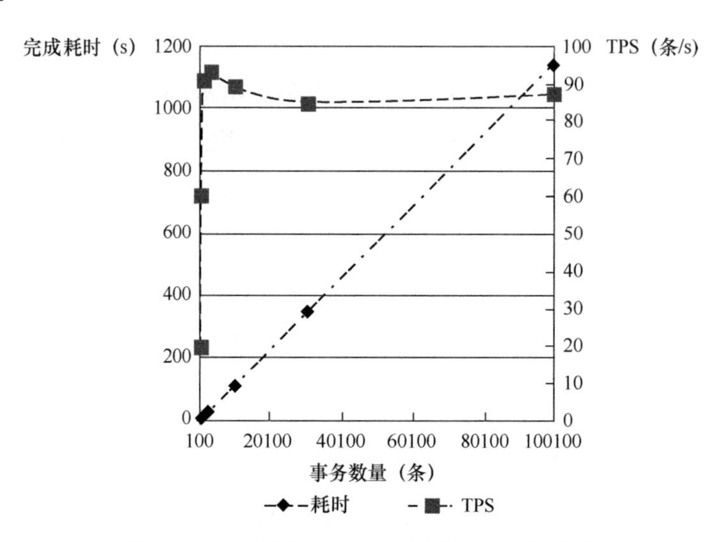

图 3-7-18 事务数量与完成耗时、TPS 关系图

表 3-7-7 BA 系统节点扩展性测试结果

节点数量	事务完成耗时（s）	TPS 均值（条/s）
5	104	96
10	109	92
20	114	88
30	120	83
40	123	81
50	119	84

如表 3-7-8 所示为单节点区块链信息查询性能测试结果。测试对象为从 BA 网络中随机挑选的一个节点，测试内容为调用 HTTP API 查询证书信息和 IBS 系统中的密钥对，并发数条件分别为 20、50、100。在性能测试下，单节点保持较高的响应速度和 TPS，具体曲线可参考图 3-7-19 中的统计结果。在 100 并发数量下，单节点响应时间保持在 35ms 内，TPS 维持在 300 条/s 以上。未来，BA 系统中的

每个节点都可拥有较快的查询速度，可提供高性能的查询服务。

表 3-7-8　单节点区块链信息查询性能测试结果

场景名称	并发数	最小响应时间（s）	平均响应时间（s）	最大响应时间（s）	90%响应时间（s）	TPS（条/s）	CPU 消耗
节点查询证书及操作记录	20	0.036	0.036	0.061	0.081	320	60%
	50	0.032	0.032	0.136	0.159	360	65%
	100	0.035	0.035	0.148	0.299	363	70%
用户查询密钥对	20	0.032	0.032	0.060	0.080	328	60%
	50	0.035	0.035	0.135	0.162	362	70%
	100	0.032	0.032	0.211	0.304	368	72%

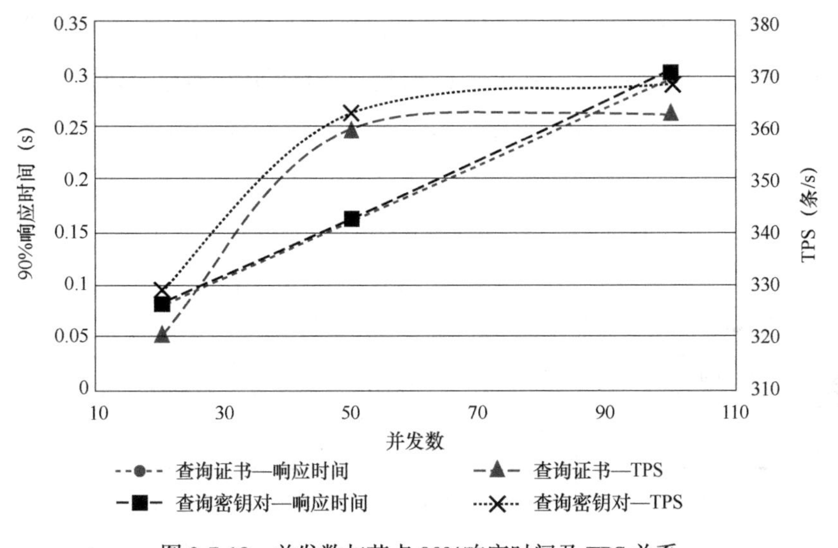

图 3-7-19　并发数与节点 90%响应时间及 TPS 关系

密码学模块是 BA 系统极为重要的组成部分，其决定了系统的关键响应速度和资源消耗。从表 3-7-9 中的数据可看出，在 IBS 无证书签名方案中，签名验签的整个流程都很高效，所有操作均在 10 ms 之内完成。表格中参数的含义：s 是 KGC 的主密钥，P 和 P_0 为 KGC 的公开参数，D_A 是 KGC 为用户产生的部分私钥，X_A 和 Y_A 是用户的公钥信息，pri 为用户最终私钥，msg 为签名验签中的消息。综合考虑 IBS 无证书方案的安全性、便利性，再将其与 BA 系统有机结合，其未来一定可以广泛应用到数字货币流通体系中。

表 3-7-9 密码学模块—IBS 无证书签名验签性能

操作名称	参数大小（byte）	耗时（ms）
KGC 参数生成	生成 s: 20, P: 128, P_0: 128	6.26
KGC 生成部分密钥	生成 D_A: 128	7.86
用户生成完整密钥	生成 X_A: 128, Y_A: 128, pri: 128	8.47
IBS 签名	传入 msg: 26	7.13
IBS 验签	传入 msg: 26	9.20

注：性能测试机器配置为 Intel Core i5-7200U @ 4x 3.1GHz，16GB 内存。

另外，目前业界和学术界还十分关心零知识证明的生成效率，其决定这一技术能否广泛运用于各种场景。表 3-7-10 提供了零知识证明模块耗时典型数据。在本方案中，keypair 参数在实际应用中只需生成一次，生成 vk 和 pk 两个参数。用户调用零知识证明模块生成证明 proof，耗时在 10s 以内，而零知识证明的验证极快（耗时小于 50ms）。这组数据表明，零知识证明目前可正常应用于隐私保护的关键场景。零知识证明模块工作正常，可正常生成“证明”，可在不出示“秘密”原像的情况下完成证明。

表 3-7-10 零知识证明模块耗时典型数据

操作名称	参数大小（byte）	耗时（s）
零知识证明 keypair 参数生成	生成 vk: 522, pk: 10791216	7.78
零知识证明 proof 生成	生成 proof: 312	8.78
零知识证明 proof 验证	传入 proof: 312	0.0343

注：性能测试机器配置为 Intel Core i5-7200U @ 4x 3.1GHz，16GB 内存。

本节详细列出了 BA 系统的具体技术实现和实验测试结果。在整个测试过程中，BA 系统表现出良好的可靠性、吞吐率、扩展性。但由于资源限制问题，更大规模场景的测试尚未进行。未来，根据测试过程中出现的瓶颈，我们将进一步优化底层模块，增强子系统，丰富 API 功能，完善应用场景，提高系统的性能和实用性，从而满足高并发、超大分布式网络场景下的使用需求。

3.7.4 业务应用场景

1. 货币发行中的存管机构认证

数字货币发行端的证书颁发：数字货币发行的形式包括统一发行和授权发行。

在发行机构统一发行数字货币的环境下，在本书提出的基于区块链的身份认证体系中，发行机构可以是该 PKI 体系中根证书的持有者，在数字货币首次发行的过程中，存管机构向发行机构发起证书颁发申请并提交相关材料，发行机构在核实存管机构身份后，通过区块链向存管机构颁发 CA 证书。

金融体系管理（证书查询）：证书查询主要包括两种形式。一是发行机构主动查询存管机构的证书，二是存管机构向发行机构申请查询证书状态。发行机构在管理存管机构证书的过程中，可以通过区块链查询存管机构证书的有效性并对其进行管理；同时，各存管机构在定期管理自身证书时，也可主动向发行机构发起证书查询申请，查询自身证书的有效性，并将查询事务写入区块链。

金融风险管控（证书撤销）：在本书提出的基于区块链的身份认证体系中，发行机构是根证书的持有者，证书的撤销可以用于金融风险的控制。证书的撤销也分为发行机构主动撤销和存管机构申请撤销两种形式。在发行机构追踪评判各大存管机构的财务和经营状态、控制国家金融风险的过程中，若发现存管机构风险过大，可以主动撤销该存管机构的证书；在存管机构怀疑自身公钥失效时，也可以主动向发行机构申请撤销其证书，从而确保数字货币中心和客户账户中的资金安全。

银行间的同业拆借（签名验签）：本书提出的基于区块链的 PKI 发行体系允许将存管机构之间的资金融通写入区块链，对每笔事务进行签名验签，结合实体货币向数字货币的转化，可以确保同业拆借的安全性、便捷性。

2. 在数字货币流通中的应用

本书提出的流通端解决方案基于 IBS 的无证书加解密和签名验签技术，该技术组合可以应用于以下业务场景。

数字货币钱包认证：根据发行机构数字货币钱包的设计思想，数字货币钱包分为银行端数字货币钱包和客户端数字货币钱包，银行端侧重于货币的管理，客户端可以延伸到应用层。客户端用户在初次开通数字货币钱包账户时，向认证节点提出申请公私钥请求。身份认证节点在线下对用户身份进行核实，在核实通过后，认证节点基于用户 ID 生成部分私钥并返回给用户，用户添加秘密值计算并生成自己的公私钥，同时将公钥公开，用户借助其私钥证明其在网络中的身份。

数字货币钱包找回：数字货币钱包的私钥始终掌握在用户本人手中，若用户本人丢失或者遗忘私钥，就无法再打开钱包。在私钥丢失后，用户需要向认证节点再次申请公私钥，可以在不提供用户隐私信息细节的前提下，通过出示用户本人拥有隐私信息的零知识证明，达到身份核验并且重置公私钥的目的。

交易明细及余额查询：在进行交易明细和余额查询的过程中，用户先发起查询申请，通过签名验签证明自己对私钥的所有权，进而获得查询该私钥对应钱包的交易流水和余额的授权。

智能交易与智能合约：以证券的自动化支付为例，通过一段智能合约启动一个智能化支付，在特定时间向债券投资人支付利息或本金，避免手工操作和债券发行人的违约行为。

3.7.5 后续研究与展望

数字货币安全体系研究具有十分重大的研究价值与社会意义，是惠及国计民生的大工程。我们着眼于数字货币安全体系中的身份认证问题，提出了基于区块链的身份认证方案，深入研究了基于区块链的 PKI 证书、基于 IBS 的无证书加解密和签名验签、零知识证明、智能合约等技术，开发实现了一个原型系统——BA 系统，并进行了初步的测试运行。

后续 BA 系统将在以下几个方面继续深入研发。

（1）继续优化区块链技术，增加 BA 系统的吞吐量，通过改进区块广播算法，压缩区块尺寸，引入闪电网络、延展区块等最新的区块链技术，增加 BA 系统的吞吐量，使之能够承受更大量的认证事务。

（2）引入环可信交易 RingCT（Ring Confidential Transaction）技术，进一步提高身份认证事务的可控匿名性。数字货币门罗币（Monero）使用 RingCT 技术实现了对交易双方及交易数额的隐藏。在门罗币原始的隐匿技术中，交易发起方使用环签名技术，通过在自己的签名中引入多个“诱饵”公钥，使得发起方的公钥地址无法被确定，达到了保护交易发起方的目的。配合隐匿地址技术，同时隐匿交易接收方的地址，实现了双方匿名交易。和比特币一样，门罗币矿工同样需要通过检查总输出是否小于总输入来保证交易正确性，在 RingCT 技术升级之前，门罗币的隐匿技术无法确保交易金额不被泄露，根据公开的交易金额，通过技术手段依然能够跟踪门罗币隐匿交易。

（3）扩充智能合约语言，通过引入更多的身份认证原语，支持更加灵活的身份认证方式，同时优化智能合约语言的性能，将目前的解释执行的虚拟机改为支持即时编译的字节码虚拟机，使之更高效地运行，进一步缩短和降低区块校验的时间与性能开销。增加智能合约的形式化验证支持，智能合约的安全漏洞目前已经成为区块链技术的热点，任何一个细小的安全漏洞都有可能对参与区块链网络的众多节点造成不可估量的危害。

（4）吸收 Zcash 团队的最新成果，进一步优化零知识证明。根据 Zcash 团队公开的路线图，其团队在代号为 Sapling 的版本中加入新的特性，可以使零知识证明生成时间大幅缩短，生成证明时的内存占用也大幅减小，这个项目被称为 Jubjub。这项技术主要归功于新的程序电路图及新设计的椭圆曲线 BLS12-381。目前 zkSNARKs 的 libsnark 库将 SHA256 作为哈希函数，SHA256 的压缩函数运算步骤较多，产生的电路比较大。在 Jubjub 中，使用全新的代数运算替代了部分使用 SHA256 的场合，使得运算步骤显著减少。新的椭圆曲线 BLS12-381 对逆运算相当友好，同时限制条件非常少，非常适合 zkSNARKs 需要的运算。

由于时间紧迫，在数字货币移动支付和业务反欺诈等方面的很多技术设想尚未得到很好的实践与证实，期待更多的研究者深入挖掘，并拓展到数字货币安全体系中的方方面面，如数字货币安全生态体系建设、数字货币交易过程中的端到端安全、交易行为的大数据分析与反欺诈实现等。

第4章 应用领域

4.1 数字金融

4.1.1 数字货币

在19世纪纸币出现以后，虽然也出现了信用货币、电子货币，但货币作为交易媒介很少有创新。当前的技术进步提供了一种新的货币应用——数字货币。数字货币作为一种更安全、更便捷的交易方式，被越来越广泛地应用于各类交易场合。数字货币多通过密码学技术保障货币安全，具有可追踪、可编程等特点，有望逐步替代传统纸质货币，成为未来货币体系的重要组成部分。

但相对于传统货币，数字货币的发行和流通对互联网的依赖性更强，面临的安全风险也更大。由黑客攻击导致的数字货币失窃或资料外泄的案例屡见不鲜。在现行的人民币体系下，我国商业银行的身份鉴权大多依赖PKI体系，但PKI体系尚存在诸多安全隐患，难以应对数字货币时代身份认证安全面临的挑战。3.7节详细描述了“基于区块链的身份认证系统”，针对数字货币发行流通体系中的身份认证环节，设计并实现了一种基于区块链的身份认证系统（Blockchain-based Authentication System，BA系统），致力于为数字货币系统提供一套兼顾安全性、便捷性与隐私保护的身份认证解决方案。

4.1.2　去中心化金融

去中心化金融（DeFi）已成为 2019 年区块链领域最受关注的话题之一。DeFi 全称为 Decentralized Finance，是指去中心化的金融衍生品和相关服务，其背后是分布式加密账本和区块链技术。

纵观全球，在中心化金融时代，面向 C 端，穷人为金融服务支付更多费用。他们的收入被用来支付各种繁杂的费用，如汇款手续费、电汇手续费、透支手续费和 ATM 手续费等，往往因为没有足够的资金或各种不菲且难以预测的费用，其难以真正享受到金融服务。面向 B 端，中小企业面对的情况与 C 端有类似之处，由于各种风险控制成本的转接，中小企业的金融服务成本高昂，这造成了世界性的通性问题。

因此，金融业需要通过区块链技术实现更透明、更易监管的去中心化金融体系。一方面，去中心化金融基础设施依托传统的金融基础设施，沿用成熟的既有金融体系，并利用现实世界权威金融机构的地位，实现安全、透明、合规的资金流动；另一方面，基于区块链的分布式加密账本技术，可以使金融服务变得更加开放、更有活力、更有韧性，同时也使金融监管更加精准，并引申出自金融模式，经济前景和意义不可估量。

然而，在去中心化金融不断发展的过程中，在数据隐私和访问控制方面还存在很大的不足。在区块链中，通常各参与方都能获得完整的数据备份，所有数据对参与方来说都是透明的，无法使参与方仅获取特定信息。比特币通过隔断交易地址和地址持有人真实身份的关联，达到匿名效果，但对去中心化金融来说，需要承载更多的业务，这会产生大量的业务数据，这些金融业务如何监管，以及如何保障这些隐私数据不被泄露，成为亟须解决的问题。

通过设计与实现可控匿名的去中心化数字身份认证系统，利用零知识证明、环签名、同态加密、安全多方计算等实现对数字身份及业务内容的隐私保护，将可以在构建去中心化金融体系的同时，实现可监管、可授权、可追踪的身份核查和隐私安全体系。

4.1.3 KYC 与 AML

当前，在金融尤其是银行零售转型的商业闭环中，KYC（Know Your Customer，了解客户）和 AML（Anti-Money Laundering，反洗钱）是赢取消费者信任和保障资产优质率的重要因素。

KYC 是指交易平台获取客户相关识别信息的过程，它的目的主要是确保不符合标准的用户无法使用相应的金融服务，同时可以在未来的一些犯罪活动调查中为执法机构提供调查依据。AML 是指防止恶意用户通过非法交易获利的过程。

KYC 能够帮助机构验证其客户身份，同时也是一个法律和监管要求，银行必须完成对新客户和现有客户的身份核查。KYC 和 AML 的审查程序包括核实客户基本身份信息、确认交易的实际受益人身份、确认客户目前的业务及风险状况，甚至还需要调查交易资金来源、客户关联方等。传统金融机构的审查步骤烦琐且耗时较长，特别是对于需要长期合作的企业用户，往往需要很长时间的尽职调查。

1970 年，美国通过了《银行保密法》，对投资者的身份进行验证和监管，目前由财政部下属的美国金融犯罪执法网（Financial Crimes Enforcement Network，FinCEN）负责这项监管工作，从 AML、CFT（Combating the Financing of Terrorism，打击恐怖主义融资）、KYC 三个不同方面打击美国境内和境外金融犯罪。一方面，AML 的监管对象之一是恐怖主义融资服务，而 CFT 非常重要的方式是实施强有力的 AML 措施，因此 AML 通常同时包含这两者。另一方面，AML 的一个重要方面是 KYC，所以我们可以看到一些 AML 规范同时包含直接或间接的 KYC 要求。近年来，KYC 的监管在全球范围内越发严格，新加坡成为除美国、英国之外，全球 KYC 法规最为严格的国家。德国第二大商业银行 Commerzbank 就曾因合规问题在新加坡被审查，主要原因是该公司没有严格遵循新加坡的 KYC 规定，对客户进行背景调查。新加坡作为亚洲经济中心，为全球投资者开放资本市场，要求其金融机构必须实施强有力的措施，从而监测、阻止非法资金流入新加坡的金融体系。新加坡金融管理局（MAS）于 2017 年 8 月发布了“数字货币指南”，概述了数字货币的法律流程。该文件明确说明，数字货币确实构成产品，因此其受到 MAS 监管并要求公司进行定期的 KYC 检查，报告所有可疑或非法活动。此外，数字货币的火热也促进了东南亚 KYC 的发展。例如，香港证券与期货监管委员会（SFC）曾发布许多有关数字货币风险及加密货币相关公司 KYC 规定的文件，马来西亚中央银行也制定了专门针对加密货币的反洗钱和反恐融资法规。

传统的 KYC 和 AML 方案主要基于中心化设计，虽然中心化设计能满足基础的功能需求和监管要求，但单一的信息节点使其更容易受到黑客攻击，并且存在违反用户隐私保护条例的风险。如果将区块链和去中心化数字身份作为基本架构，用户身份信息和隐私信息将不需要再存储在中心化数据中心或云空间中，而是保存在用户本地并使用密钥存储，区块链上存储的是法律要求公开的信息、加密的索引类数据（如用户的属性及行为类数据的哈希值）和一些保障去中心化身份认证安全逻辑的共识性数据（如身份证明的纲目和定义），区块链将允许这些信息被复制到所有节点中，并永久保存在这个网络中，数字身份生成的同时就已确保了后续身份认证的有效性和安全性，信任成本大大降低，用户可以在不同场景中使用同一个身份标识进行检查，有效提高 KYC 和 AML 的效率。

4.1.4　开放银行

近年来，银行业打开大门，主动融入更多第三方场景，催生了“API 经济”，借助 Web API 技术，将银行的能力通过 API 接口赋能各行各业，这种开放银行模式正在演变成为银行业的一场革命。金融科技者激动地称之为继虚拟货币、人工智能之后，金融科技业的下一个热点，2018 年，埃森哲的十大关键趋势将 Open Banking（开放银行）放在了首位，《经济学人》杂志将其描述为银行业的“地震”。

开放银行代表了一种平台化的商业模式。在此模式下，银行通过与商业生态系统中掌握用户资源的合作伙伴共享数据、算法、交易、流程或其他业务功能，触达个人、企业、政府、金融机构等各类终端用户，为其提供无所不在、体验一流的金融服务。开放银行具备以下核心特点：以客户需求为导向，以生态场景为触点，以 API/SDK 为手段，以服务碎片化、数据商业化为特征，以体系化转型为方法。

自 2016 年以来，在监管助力、科技赋能的双重驱动下，英美多家银行开始积极拓展开放银行业务，欧洲的西班牙对外银行、美国的花旗银行、美国运通等金融机构均上线了开放平台，对外开放上百个 API。外部开发者不仅能如搭积木般地用 API“拼凑”出所需的金融应用程序，还能使用这些银行所提供的海量数据。国内开放银行的发展随着竞争的加剧也开始加速。2017 年，民营银行首先布局，成为开放银行的先行实践者；自 2018 年以来，股份制和国有大行亦加快了脚步，兴业银行、浦发银行、建设银行、招商银行、工商银行等也先后对外发布开放银行相关产品平台或发展规划。银行正通过开放银行和数字化转型实现现代化改造，与此同时，数字身份等相关配套产业也进一步促进开放银行的发展。

在开放带来便捷的同时，各种维度的数据和服务需求汹涌而来，给银行的身份认证和隐私保护带来了巨大的挑战。建设数字金融生态，效率是基础、安全是底线，没有效率与安全就没有生态。金融数据的管理与使用须关注提高数据使用效率和数据保护能力。首先，建立一个多层次的线上线下融合的数字身份认证体系（包括 PKI、生物识别、区块链等技术），为金融机构本身及第三方使用平台提供基于数字身份的数据确权机制，确保生态中不同的用户拥有不同的使用权限。其次，建立安全可信的隐私保护机制，规避隐私泄露问题，给予用户最大的安全保障。最后，建立有效的数据治理机制和系统，提高数据融合、数据管理、数据应用能力，提高数据价值。

1. 基于风险的多因子统一身份认证平台

开放银行需要对所有访问相关服务或数据的个人或企业进行不同的符合场景需求的身份验证和授权，身份验证过程安全可靠，验证结果须可信赖。在安全要求级别较低的业务中，可通过逻辑密码或设备识别等技术实现低摩擦甚至无感知的身份认证和服务授权；在安全要求级别较高的业务中，可通过实名认证、活体检测或安全硬件等技术实现高安全级别的身份认证和服务授权。

银行可以针对不同场景的风险等级和身份认证需求，通过统一身份认证平台（身份网关）对用户进行合理的身份认证设置，兼顾便捷与安全。

基于风险的多因子统一身份认证平台如图 4-1-1 所示。

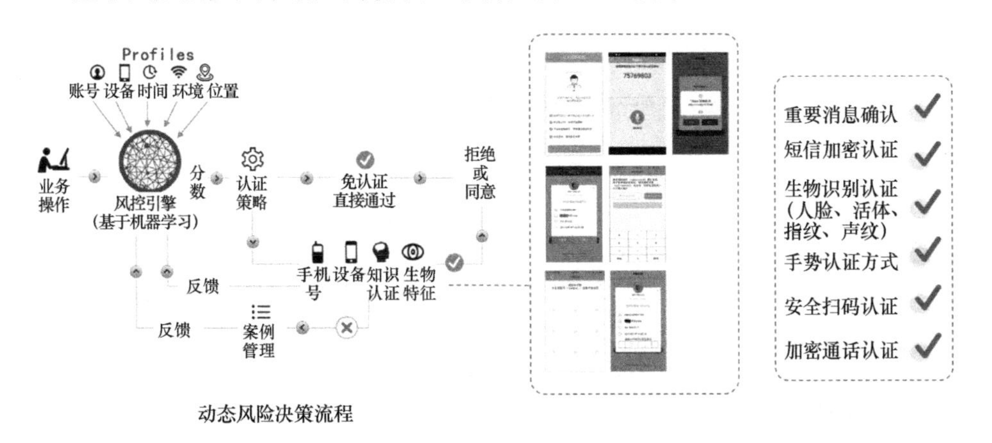

图 4-1-1　基于风险的多因子统一身份认证平台

2. 数据访问中的隐私保护

开放银行需要在提供 API 服务的同时保护用户隐私。例如，目前在某些数据访问的过程中，常采取的一种保护隐私的方式是只返回“是”或“否”这样的核验结果，但不返回得出此结果的源数据。基于身份安全区块链的设计，数据使用和隐私保护问题的解决有了更多新的思路和尝试。

数据安全保护的关键是确保隐私数据的“不可接触”和“不可解释”。身份认证在隐私保护方面解决数据“不可接触”问题，解决数据的使用授权问题，未通过身份认证的用户无法接触到数据。而安全多方计算、零知识证明、代理重加密、同态加密则解决数据“不可解释”问题，对数据进行加密保护。传统的加密方式（对称/非对称加密）把数据装进“黑盒子”，而我们提到的加密方式是“白盒子”，将数据使用权与所有权分离，在不泄露隐私的前提下使用数据。数据访问、数据使用、数据加密、数据交换等操作记录均通过身份安全区块链存证，确保数据保护可信、可追溯。

结合传统加密和安全计算实现的身份认证如图 4-1-2 所示。

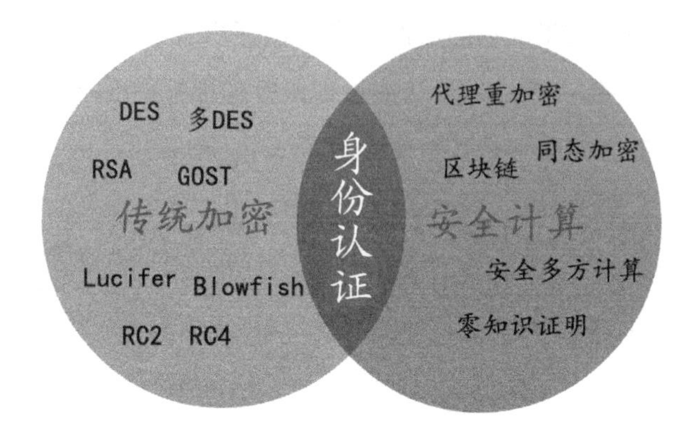

图 4-1-2　结合传统加密和安全计算实现的身份认证

3. 数据治理平台

随着全球经济和开放银行业务的快速发展，各业务渠道对金融服务开放和数据开放的需求大幅增加，如果缺乏完善统一的信息共享交换与管理机制，银行等金融机构将面临无法及时完成数据的整合与共享，数据接入周期长，缺乏数据处理、输出与管理能力等问题。与此同时，银行在面对众多第三方数据供应商的同时，还需要处理供应商之间接口标准不统一、返回状态不同、鉴权机制及加密算法复杂多变等问题，造成接口的开发、测试、维护、扩展成本相对较高。特别是由数据质量参差不齐导致的服务偶发性超时或不可用的问题，对业务产生直接影响。为引导银行业金融机构加强数据源管理，提高数据质量，充分发挥数据价值，提升经营管理水平，全面向高质量发展转变，中国银行业监督管理委员会（简称“银监会”）发布了《银行业金融机构数据源管理指引》（银保监发〔2018〕22 号）。其中第二十三条、第三十二条分别指出：银行业金融机构应当加强数据采集的统一管理，明确系统间数据交换流程和标准，实现各类数据有效共享。银行业金融机构应当建立数据质量监控体系，覆盖数据全生命周期，对数据质量持续监测、分析、反馈和纠正。数据治理是一项系统工程，在战略、机制、架构、实现上均需要做出改进。数据治理平台——大禹是基于大数据处理技术，为银行业金融企业客户提供多数据源融合服务并且符合数据隐私保护标准的统一数据管理平台，建立统一的数据输入输出标准，帮助客户提升数据融合、数据管理及数据应用能力。

数据治理平台金字塔如图 4-1-3 所示。

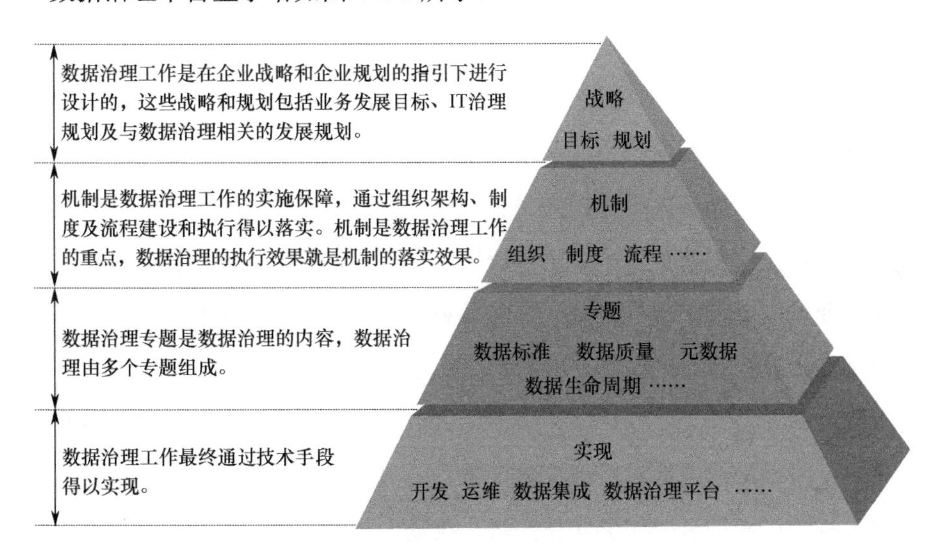

图 4-1-3　数据治理平台金字塔

4.1.5　供应链金融

据统计，我国的中小企业多属于非公有制经济。中小企业数量占全国企业总数的 99%；对于 GDP、出口和税收，中小企业占 GDP 的 40%、出口的 60%、税收的 50%；每年新增就业的 85%和存量就业的 75%都由中小企业解决，其健康持续发展关系国计民生大局。中小企业主要依靠债务性融资，其权益性资金较少，在传统的金融管理体制下，中小企业融资面临诸多困境，如中小企业自身的高风险性、低收益性与金融机构遵循的风险规避原则相矛盾。中小企业融资状况不好、缺乏融资渠道、经营机制不完善、没有抵押物品等，也造成了自身的发展困境。但是，中小企业的融资业务相对丰富，同时，中小企业发展潜力巨大，随着我国社会化服务的健全及市场准入制度的完善，我国的中小企业将会迎来新一轮的发展高峰。在金融机构方面，由于中小企业具有更高的议价能力，中小企业的信贷业务可以增强金融机构的资金流动性，分散经营风险，推动信贷资产和客户机构的多元化。

当前，中国工业企业月均应收账款总额超过10万亿元，中国企业的应收账款规模超过20万亿元，预计2020年中国供应链金融的市场规模可达45万亿元。由于企业实力及银行风险考量等因素，目前在大多数的供应链金融业务中，只有一级供应商得到了融资机会，85%的中小企业融资困难。面对庞大的供应链金融市场，最需要资金支持的中小企业却难以获得融资，普惠金融落地难。

在此背景下，国务院、中国人民银行等主管部门高度重视和支持供应链金融业务的发展和技术创新，提出“放管服”工作要求，提倡优化营商环境，大力支持小微企业发展。2017年10月，国务院办公厅印发了《关于积极推进供应链创新与应用的指导意见》（国办发〔2017〕84号）；2018年10月，商务部等8部门联合发布的《关于开展供应链创新与应用试点的通知》（商建函〔2018〕142号）明确指出，要积极稳妥地发展供应链金融。

（1）推动供应链金融服务实体经济。推动全国和地方信用信息共享平台、商业银行、供应链核心企业等开放共享信息。鼓励商业银行、供应链核心企业等建立供应链金融服务平台，为供应链上下游中小微企业提供高效便捷的融资渠道。鼓励供应链核心企业、金融机构与人民银行征信中心建设的应收账款融资服务平台对接，发展线上应收账款融资等供应链金融模式。

（2）有效防范供应链金融风险。推动金融机构、供应链核心企业建立债项评级和主体评级相结合的风险控制体系，加强供应链大数据分析和应用，确保借贷资金基于真实交易。加强对供应链金融的风险监控，提高金融机构事中、事后风险管理水平，确保资金流向实体经济。健全供应链金融担保、抵押、质押机制，鼓励依托人民银行征信中心建设的动产融资统一登记系统开展应收账款及其他动产融资质押和转让登记业务，防止重复质押和空单质押，推动供应链金融健康稳定发展。

供应链金融发展至今，存在的主要问题如下。

（1）异地开户难：大量中小企业异地分布，开立银行账户成本高、难度大。

（2）存在造假风险：存在仓单、票据造假等情况。

（3）存在企业信息孤岛：供应链企业间贸易系统（ERP）不互通，贸易信息主要依靠纸质单据传递。

（4）核心企业信用不能跨级传递：核心企业信用只能传递至一级供应商，二级及以上供应商无法利用核心企业信用进行融资。

（5）履约风险高：仅凭合同约束，融资企业的资金使用及还款情况不可控。

在供应链金融的发展过程中，数字身份和区块链在如下几个方面有着重要的推动作用。

（1） 远程开户/预开户，定期的企业尽职调查能够有效提高办事效率及安全性。

（2）业务上链，数据更可信，贸易背景更真实。

（3）凭证拆转融，解决多级供应商融资难及资金短缺问题。

（4）链上电子仓单凭证，避免纸质仓单造假风险。

（5）供应链金融 ABS，最大化实现穿透式监管。

供应链金融账户安全区块链系统使用分布式加密账本技术，基于许可链，构建整个系统网络拓扑结构的基础。供应链金融账户安全区块链结构图如图 4-1-4 所示。

监管节点：公安、央行、工商等权威机构以监管节点的方式加入许可链，在申请成为监管节点时需要提交相关证明材料，并获得其他相关节点的许可。监管节点并不监管区块链上的具体数据，主要监管整个区块链的节点构成及数据存储和使用的过程及规则，具有观察者权限并行使相应的监管权力。

业务节点：提供相关产品和服务的企业机构（银行或核心企业）以业务节点的方式加入许可链，在申请成为业务节点时需要提交相关证明材料，并获得其他相关节点的许可。业务节点具有验证者权限并提供相关业务服务。

安全节点：提供相关技术的第三方科技公司以安全节点的方式加入许可链，在申请成为安全节点时需要提交相关证明材料，并获得其他相关节点的许可。安全节点具有验证者权限并保障系统安全。

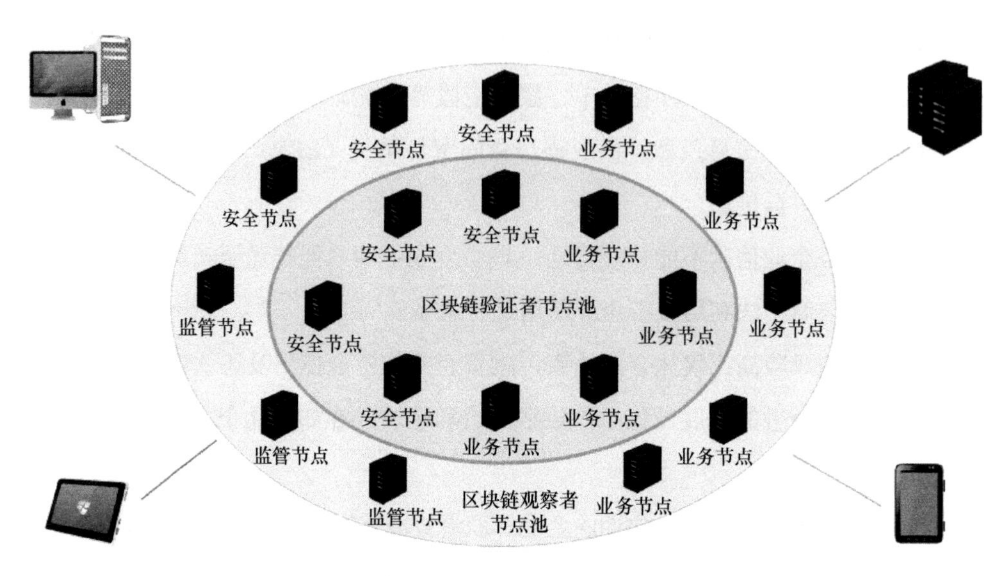

图 4-1-4 供应链金融账户安全区块链结构图

监管节点、安全节点和业务节点共同组成了账户安全区块链，其是一种可信赖的、有共识的数据安全存储和使用系统，不被任何单一的个人或机构管控，同时具有稳定的系统容错机制，对黑客攻击及恶意的实体破坏具有高免疫性。

通过在行业内部署若干可信节点，信息一旦经过验证并添加到区块链中，就会被永久加密存证，确保所有的用户操作可追溯且不可伪造、不可篡改、不可抵赖，在保护隐私的同时，大大提高了供应链金融相关业务的真实性和可靠性。

4.1.6 智能网点

根据中国银行保险监督管理委员会（简称“银保监会”）金融许可证，2018 年 6 月 25 日至 2019 年 6 月 24 日，我国银行网点共退出 3634 家；同时，在此期间，全国新设立的银行网点有 3024 家，两者相差 610 家。这意味着，传统的银行依靠网点扩张带动增长的模式已经迎来拐点，银行网点数量由增加转为减少。但网点仍然是金融服务的重要内容和节点，从而“智能网点”应运而生，运用金融科技升级银行网点，探索银行业务转型升级之路。

在5G、人工智能、大数据等技术的支持下，银行网点正在向智能化大步迈进。工商银行、建设银行、农业银行、中国银行、交通银行、邮储银行等纷纷布局，陆续推出各行极具特色的智能网点服务。金融科技助力银行网点智能化转型成为银行业的热门话题。智能网点多指运用5G、物联网、生物识别等新技术，连接金融、社交、生活等场景，以提供极致客户体验为目标，为客户提供更高效、更便捷的金融服务，实现金融业务办理远程支持，扩大客户自助业务服务范围。

智能网点的两大特点是“网点无人”和“业务支持”，其关系智能网点的体验和能力。一方面，不需要银行业务人员面对面地为用户进行业务操作；另一方面，可为用户提供实际有用的金融服务。目前，人工智能技术在智能网点中的运用主要包括智能迎宾、数据（如住房指数）查询、信用卡、理财、小微贷、体验式空间（如利用VR等技术模拟实际生活场景，在业务办理之前体验业务）等，兼顾体验、服务和娱乐。

在智能网点的建设过程中，身份识别、业务开展、安防体系等均是非常重要的内容。因为网点无人，所以基本上所有的业务均是在线处理的，这就要求原本通过线下面签才能开展的业务升级为可以通过线上身份识别和授权开展的业务，但这也意味着业务办理过程更容易受到黑客攻击，带来身份伪造、身份篡改等安全风险。因此，建设一套安全有效的身份认证体系，对于智能网点的安全运营尤为重要，在智能网点各应用场景中构建去中心、跨平台、多因子的统一身份认证平台，有助于帮助银行解决智能网点身份认证的首次认证和二次认证问题。首次认证和二次认证的主要步骤如下。

（1）用户在首次注册时，需要通过数字身份颁发方的实名认证核验，颁发方获取用户实名信息，鉴别当前操作者是否为本人。

（2）在用户通过实名认证核验后，颁发方为用户生成数字身份唯一编号并进行后续去中心化身份认证管理。

（3）在数字身份认证完成后，颁发方获取用户个人特征数据，如人脸特征、手势密码等，使用其个人特征数据对用户私钥和数字证书进行加密，并将用户私钥密文数据和用户数字证书密文信息打包提交到区块链中，最终通过广播完成数字身份注册。

（4）用户在二次访问时，根据业务系统的多因子身份认证需求，调用适当的身份认证方式，并在进行身份认证时通过区块链存储的信息进行二次校验，提高二次认证的便捷性与安全性。

“智能网点”身份认证特点如图 4-1-5 所示。

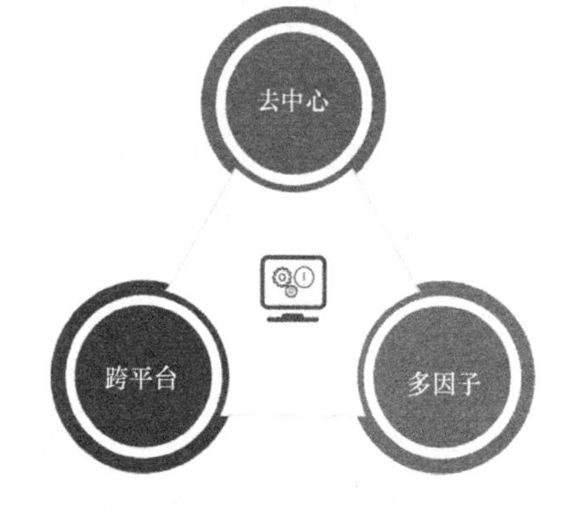

01 去中心：一方面，通过不关联性确保将数字身份主权还给用户；另一方面，可以建立去中心化身份标识（DIDs），无须基于中心化的身份认证机构进行中心化认证。

02 跨平台：一方面，支持Android、iOS系统，支持H5平台及常用物联网平台；另一方面，支持跨系统、跨应用授权及访问。

03 多因子：认证因子包括PKI、生物识别（人脸、声纹、指纹、活体等）、去中心化身份标识等；结合动态风险决策，认证方式灵活多样。

图 4-1-5 “智能网点”身份认证特点

在业务开展的过程中，除身份认证外，确认用户真实的业务办理意愿也非常关键。在传统的线下面签过程中，通常采用由本人办理业务及签字等方式核实用户的业务办理意愿。在智能网点的线上业务环境中，可以采用活体识别、语音识别、唇语识别、在线签约及远程视频客服面签等方式，达到相同甚至更高的安全标准。

在安防体系的建设中，通过黑名单、人脸识别等技术实时甄别高风险用户或恶意用户，对于保障智能网点业务的安全性也有非常大的帮助。

4.2 公共安全

4.2.1 存证与取证

法律工作的核心是证据，证据的合法性和关联性问题是在法庭上用逻辑和思辨来解决的问题，但证据的真实性问题却不是，真实性来自源头的侦查取证，来自中途的存储及移交流转。无论是在源头还是在中途，都有证据被篡改的可能，这不仅仅是检察工作关注的重点，也往往是各类刑事、民事、行政、公益诉讼参与主体关注的问题。如果能够有效解决证据取得、保存和流转过程的真实性问题，对检察机关和各类诉讼参与主体来说，有利于形成双赢、多赢、共赢的局面。

如今，随着科技的发展，电子数据无处不在，随之涌现了一些新型案件，如计算机网络、金融领域和数控制造领域的案件，这些案件必须要以电子数据为基础，进而查清事实。而在刑事案件、民事案件等传统类型的案件中，也时常将电子数据作为证据，如城市监控记录、银行交易记录等。因此，司法办案就是办数据，法律监督就是数据监督。

随着整个社会信息技术运用程度的不断提升，我们应该转变对待法律证据的方式——从“事后取证”转变为“同步存证”。“同步存证”就是在客观事件发生时，运用信息化技术手段同步将其记录为电子数据，进行大数据、全数据、细数据记录，一旦有案件发生，就可以从庞大的数据库中搜寻到所需的证据。实际上，我们已经这么做了，而且已经习以为常，城市监控就是最佳的例证。另外，成功运用“同步存证”破大案、化解矛盾的案例在各档法治电视节目中很常见。

传统的“事后取证”要确保证据在取得、保存、流转过程中的真实性，需要遵循一系列法律规定。而对数字时代的“同步存证”来说，如何确保证据在产生、存储、调取过程中的真实性和安全性？为了降低成本和保护必要隐私，在向其他人证明证据的可靠性和真实性时，我们可以运用区块链技术和相关加密技术，在不向验证者提供任何有用信息的情况下，使验证者相信某个论断是正确的。运用这项技术，进行同步存证的国家机关、企业和事业单位及个人就可以在不泄露隐私信息的前提下，证明所存证据的真实性。

区块链是一项能够确保数据不可篡改的信息技术，其主要支撑是密码学和分布式网络技术。无论是国家秘密、商业秘密，还是个人隐私，如果既不想被泄露，又需要证明其得到了依法依规的妥善保存，证明其没有被篡改，就需要以规范的技术形式接入某可信区块链。所有希望证明其同步存证的数据的真实性并且希望其将来在司法过程中被认定为证据的单位、团体和个人的终端，都可以加入节点。这些终端上的数据在产生的同时，会生成哈希值，将哈希值上传到区块链中即可。这就意味着，坚实可靠的信息技术和加密算法为相关数据的真实性做了背书。

运用区块链技术进行数据同步存证，可以有效降低不同主体之间的信任成本。未来，对于刑事诉讼，辩护律师不必担心执法记录仪的片段被断章取义，因为链上的监督是具有持续性的；对于民事诉讼，原被告双方的矛盾证据互有伯仲、法官难以决断的情形会大幅度减少，未来的证据规则很可能会改变为，凡是没有链上身份的，都默认为是不真实的，因为链上的监督是具有习惯性的；对于行政诉讼，将庞杂的行政法规、政府职权责任清单上链，有助于提升政府公信力，因为链上的监督是具有公开性的；对于检察公益诉讼，卫星遥感数据已被纳入同步存证的范畴，其能够为诉讼案件提供关键性证据，因为链上的监督是具有权威性的。

基于以上的零散例子，我们还无法窥探美好未来的全貌，但是，从“事后取证”转变为“同步存证”的新证据理念是应当建立的。以此为原点，运用区块链技术构建法律监督的可信数据体系，进而建立和发展壮大数字身份和隐私安全区块链，将会成为未来存证和取证的一个有效途径。

4.2.2 智慧城市

智慧城市是指运用信息和通信技术感测、分析、整合城市运行核心系统的各项关键信息，从而对包括民生、环保、公共安全、城市服务、工商业活动在内的各种需求做出智能响应。其实质是利用先进的信息技术，实现城市的智慧管理和运行，进而为城市中的人创造更美好的生活，促进城市的和谐、可持续发展。

1. 解决方案

新型智慧城市主要以大数据和区块链技术为核心进行建设。通过组合“一中心、四平台、多应用、统一链”的方式，构成多维度的智慧城市解决方案。其中，“一中心”是基于城市各维度的大数据中心，“四平台”即智慧政务综合信息服务平台、智慧城管综合信息服务平台、智慧民生综合信息服务平台和智慧经济综合信息服务平台，“多应用”包含各类智慧应用，“统一链”则是基于区块链的可信智慧城市信息生态。

当前，区块链技术在新型智慧城市中的应用场景可归纳为以下四类。

（1）利用区块链数据加密存储及防篡改的特性，实现数据安全与隐私保护，如个人医疗数据存储和隐私数据保护等；

（2）利用区块链链式数据存储结构，实现数据的可追溯，如电子发票存储等；

（3）利用区块链防篡改的特性，实现数据认证与存证，如个人身份认证、电子证照存证等；

（4）利用区块链智能合约对数据使用权、收益权等的准确控制及自动化执行，实现数据的低成本可靠交易。

智慧城市解决方案如图 4-2-1 所示。

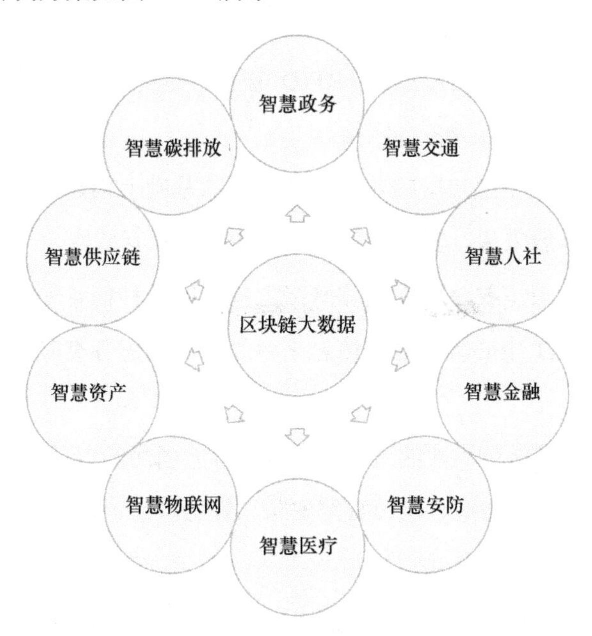

图 4-2-1　智慧城市解决方案

基于智慧城市解决方案，可将智慧城市整体结构分为感知层、网络层、平台层和应用层，如图 4-2-2 所示。

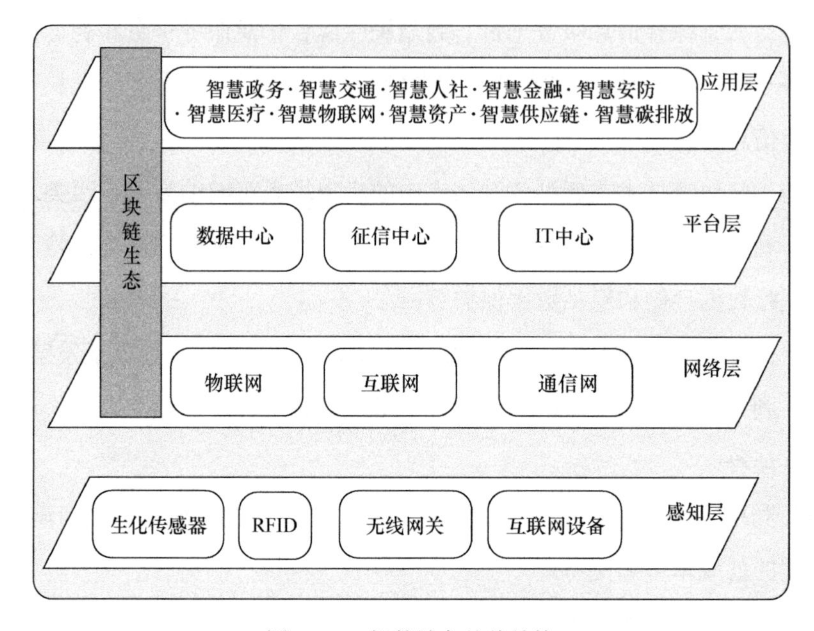

图 4-2-2　智慧城市整体结构

感知层：包含各种生化传感器、RFID 电子标签、无线网关和互联网设备，这些感知层硬件主要用来支撑各种网络。

网络层：该层是在感知层的各种硬件设备的基础上构建的一个支撑通信和数据的载体网络。一般来说，其包含物联网、通信网和互联网。

平台层：平台层主要是由在载体网络上构建的各种信息平台组成的，如数据中心、征信中心、IT 中心等。这些信息平台为后续构建各类应用提供基本的信息服务。

应用层：在智慧城市构建的过程中，涉及方方面面的专项服务，如智慧政务、智慧交通、智慧人社、智慧金融、智慧安防、智慧医疗、智慧物联网、智慧资产、智慧供应链及智慧碳排放等。

区块链生态基于底层（感知层）技术，自网络层出发，构建区块链服务平台。

在其平台之上，又可以结合行业搭建多种多样的 DApp，最终作为综合性技术构成“统一链”。

2．应用场景

智慧城市的典型应用场景如下。

1）智慧交通

区块链能够解决实时路况信息分享问题，提升智慧交通业务数据分享能力。实时路况信息分享是智慧交通业务的重要功能，在实践操作中主要面临以下问题。

（1）由于网络投资成本的制约，单个网络运营商的网络覆盖率普遍不足，导致基于单个网络运营商的智慧交通业务的响应速度和响应效率较低。

（2）缺乏有效的激励机制，难以吸引司机分享实时路况信息，用户参与度较低。

（3）路况信息具有的高即时性和高不确定性等特征，需要提供有效机制来确保用户获得真正有用的信息，并协助用户基于获得的数据做出有效决策。使用区块链技术和区块链思维，可以解决或缓解这些问题。

2）智慧物联网

引入区块链技术构建智慧物联网，可以保护用户隐私，重塑信任机制，同时降低运营成本，普及物联网设备。

（1）保护用户隐私，重塑信任机制。

区块链重塑物联网设备的连接方式，采用分布式的网络结构，使得设备之间保持共识，无须向中央服务器和数据库进行验证。在采用这种架构时，没有中心数据服务商，也就不存在批量用户信息泄露的问题。即使一个或者少量节点被攻破，整个网络体系也依然是稳定的。

（2）降低运营成本，普及物联网设备。

区块链技术为物联网设备提供了点对点通信的方式来传输所产生的数据，中央处理器不再是必需的设备，分布式的计算就可以处理数以亿计的交易。充分利用闲置算力、存储容量与带宽，将其用于交易处理，能够大幅降低运营成本。

3）防伪溯源

在智慧城市供应链中，区块链可用于解决防伪溯源的问题，商品生产者可以全程监控商品流通的过程，消费者可以通过数字 ID 得到产品产地、原材料、流转信息等关键信息。

目前区块链技术在防伪溯源领域的通用做法：为每个商品在链上注册一个 ID，使其拥有一个唯一的数字标识。通过公共账本记录这个 ID 的所有信息，确保信息真实、可靠、不可篡改。而传统的供应链管理体系只能将粒度做到 SKU 级别，采用传统数据库记录数据，难以排除人为因素的干扰。

除此之外，在产品出现问题时，通过查看共享账本，商品生产者可以快速确定产品批次甚至产品本身，进而避免大范围召回问题产品的情况，降低经济损失。

4）信息共享

区块链技术由于其不可篡改、去中心化、非对称加密的特点，非常适合多方参与、信息交换的场景，有助于实现数据的民主化，将分散的数据库连接起来，还能通过加密算法保护参与各方的隐私。供应链的上下游参与者可以做到通畅的数据交互，同时又不会造成商业机密泄露。

在传统的供应链信息系统中，每个参与方只关注己方的信息，生产、物流、销售、流转、原料、监管信息完全割裂，没有一个完全可信的、围绕商品的、集合所有商品信息的平台，这造成了不同参与方之间的沟通成本较高。同时，数据孤岛导致信息核对烦琐、供应链上下游数据交互不均衡，在多数情况下需要线下重复对账以确保数据准确，这带来了额外的经济与时间成本，也增加了金融行业的风险。

4.2.3 物联网

物联网（IoT）即物物相连的互联网，是一种在互联网基础上延伸及扩展到物与物之间并进行信息交换与通信的网络。物联网是继计算机、互联网与移动通信网之后的又一次信息产业浪潮。其目标是通过各种信息传感设备与智能通信系统，把全球范围内的物理物体、信息技术系统和人有机地连接起来，利用“点”“线”“网”三种不同形态的物联网应用实现“智慧的地球”，从而通过数据采集、分析、预测、优化等技术，利用具有更透彻的感知、更全面的互联互通和更深入的智能化能力的新一代解决方案，改进企业、行业、城市和民生的核心系统。

物联网时代正“汹涌而来”，物联网产业正迅猛发展，中国已经形成了包括芯片和元器件、设备、软件、系统集成、电信运营、物联网服务等较为完善的物联网产业链，物联网产业规模已从 2013 年的 4896.5 亿元跃升至 2018 年的超过 13300 亿元，年复合增长率高达 22.1%。

物联网正在成为支撑经济和社会发展的新型基础设施。据统计，全球 40%的运营商都在积极部署机器到机器（M2M）的业务，全球每天约有 550 万个新设备加入物联网。物联网在各行业、各领域的加快普及，促进了电网、水网、公路、铁路、港口等传统基础设施的网络化和智能化转型，也将越来越多的设备、车辆、终端等纳入信息网络，使人类加速迈向“万物互联”（Internet of Everything，IoE）时代。如图 4-2-3 所示，IoE 是指将流程、人、数据和事物结合在一起，使得网络连接变得更加相关、更有价值，其将带来更加丰富的体验和前所未有的经济发展机遇。

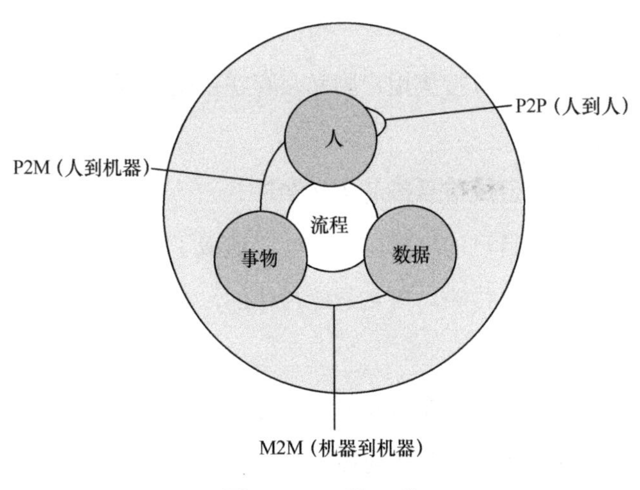

图 4-2-3　万物互联

物联网在快速发展的同时，也面临着严峻的安全挑战，安全风险主要包括如下几点。

（1）设备访问控制权限存在安全风险。

在 IoE 时代，数字世界与物理世界的边界逐渐模糊，跨域交互、跨域控制打破了传统网络边界，由此带来的最大挑战是，如何在突破既有边界的情况下灵活高效地解决谁是谁、谁拥有谁、谁能访问谁等问题。2020 年，全世界将有 260 亿台物联网设备相互连接，并且平均每天还有 550 万台设备连接到整个网络中，在新增的商业设备和系统中，将会有超过一半包含物联网组件。然而，数以万计的漏洞风险和持续演进的攻击手段也会接踵而至，尤其是攻击者对物联网设备的攻击。

（2）“中心化运营”带来安全风险。

中心化运营会不可避免地带来安全风险，中央服务器如果出现安全漏洞，将会给整个网络中的节点带来安全风险和安全隐患。被麻省理工科技评论评为 2017 年十大突破性技术之一的僵尸网络累计感染超过 200 万台摄像机等物联网设备。除了技术风险，物联网服务商若遭遇运营、成本危机，设备将无法正常使用，会带来可用性问题。

（3）用户隐私得不到保障。

用户隐私问题同样是中心化运营平台的通病，当人与物处在各种交互与交易过程中时，中心化网络随意搜集用户隐私，存在由安全漏洞和中心化运营不当导致的隐私泄露问题。

（4）产业非标准化造成信息孤岛。

物联网厂商都基于自己的标准搭建平台，造成了信息不兼容等问题。不同的设备、平台无法实现信息传输，信息是碎片化的，容易形成信息孤岛，极大制约了物联网的发展。

数字身份认证和隐私安全在物联网系统建设中的应用包括如下几个方面。

（1）通过机器身份实现设备访问控制。

机器身份安全是物联网时代保障安全的重要技术手段。“万物皆有身份”，这是万物互联的基础条件。机器身份是通过应用特权访问管理（PAM）分配的非人类网络实体（如设备、应用程序、进程等）的唯一标识符，同时会生成相应的密钥和配置信息。

与用于人类身份的用户名和密码不同，机器身份需要主动管理大量密钥和证书并包含更多的访问权限控制。除特权访问机制外，还需要确保 SSL 检查、Web 应用程序防火墙（WAF）等其他安全机制的顺利运行。

通过机器身份访问授权管理系统进行机器身份安全管理，在进行设备间访问和通信时，进行设备身份验证，并通过层管理实现批量设备授权。例如，家中的摄像头如果要和家中的路由器交互，需要先验证摄像头的身份并确认其是否为户主真实购买的摄像头。所有家庭中的智能设备在使用前可先通过机器身份进行登记，并通过策略批量管理设备权限，从而实现设备的安全管理。

（2）利用去中心化存储解决信息安全问题。

利用区块链技术，实现物联网设备的去中心化运营，没有掌握所有数据与用户信息的中央服务器，规避了信息泄露的风险。与此同时，利用非对称加密算法、代理重加密、零知识证明等安全加密技术可以最大化保护用户的隐私。

总体来说，在万物互联时代，海量设备情景下的身份验证是一个关键问题，不仅需要确定物的真实性、人的真实性，还要确定人和物、人和第三方之间关系的真实性。机器身份是在万物互联时代保障数字空间安全的关键要素之一。

4.3　医疗健康

互联网医疗的兴起在降低医疗成本、提升医疗质量、优化医疗模式等方面发挥了重要作用，不同于一般行业的数据，医疗数据具有其特殊的敏感性和重要性。医疗数据的来源和范围具有多样化的特征，包括病历信息、医疗保险信息、健康日志、遗传基因、医学实验、科研数据等。个人的医疗数据关系个人的隐私保护，医疗实验数据、科研数据不仅关系主体的隐私、行业发展，甚至关系国家安全。

1. 存在的问题

目前我们积累、产生的数据仍然被中心化地存储在各机构中。这种中心化的由医疗机构存储患者个人医疗数据的方式，在医疗数据的存储、访问和使用中存在以下问题。

（1）中心机构没有充分重视医疗数据存储的安全性。

目前，医疗数据存储机构不重视医疗数据存储的安全性主要表现在医疗数据安全建设投入不足、医疗数据明文存储、医疗数据安全维护人员缺位、系统漏洞多、系统使用者和维护者安全意识薄弱等。

（2）针对患者医疗数据的黑客攻击行为猖獗。

由于系统本身的安全性防护不足，以及个人医疗数据具有高价值，医疗数据存储机构成为黑客攻击的重点。个人医疗数据包括患者的个人基本信息、财务信息和健康信息等多种敏感数据。不法分子可以利用这些信息进行诈骗、勒索等行为。因此，个人医疗数据的泄露严重侵犯了患者的个人隐私，给患者个人和家庭带来极大的威胁。

（3）中心机构数据访问和接入方式的安全性有待提高。

目前的医疗数据存储机构对于用户的访问主要在用户认证方面进行了控制，在用户授权访问控制、隐私保护方面还存在欠缺。

自 2013 年起，各级卫生局陆续在门户网站上开通了个人健康信息服务系统。由于其直接发布在互联网上，同时又与卫生专网进行数据交互，系统面临的风险也显著增加。而目前系统访问多采用弱口令的验证方式，也进一步加大了数据泄露的风险。

（4）中心化数据采集、更新、维护等成本高昂。

在目前的中心化存储结构中，数据会由于更新不及时、不完整、有误等多种问题而“失活”，最终导致数据无法使用。此外，多个医疗数据存储机构持有的相同患者记录的版本不同，也会使数据维护成本较高。同时，各机构之间缺乏相互检查的机制，可能会使患者处于遭受身体、精神和财产伤害等的风险之中。

（5）医疗行业存在普遍的潜规则，即“存储权=应用权”。

虽然法规允许脱敏数据的使用，但目前医疗行业对个人医疗数据的使用远不止这些。医疗数据存储机构拥有患者个人医疗数据的存储权，在潜规则下拥有其应用权，即可应用其存储的个人医疗数据来创造商业价值。例如，2018 年年初，比雷埃夫斯大学研究人员对安卓生态中 20 款最受欢迎的医疗、健康类产品的调研结果显示，80%的产品涉嫌擅自传播用户数据；在这些产品中，50%都和第三方共享用户文本、多媒体甚至医疗影像方面的数据，而且 20%的应用没有推出包含隐私问题的用户须知文件。这种潜规则严重威胁用户的隐私安全。

2. 特点

目前，医疗数据安全和患者隐私保护仍是医疗行业的核心问题，包括患者的隐私管理，对患者就医资料所有权、使用权和管理权的明确，以及医疗数据安全及隐私保护标准的形成等。在行业发展过程中，区块链的意义逐步显现出来，身份认证技术与身份安全区块链在医疗领域的应用具有以下特点。

（1）实现数据的不可篡改和可追溯。

使用区块链技术监管医疗数据，可以记录医疗数据的所有改动，保证数据的完整性和不可篡改性，同时保证所有数据的每一次更新都是可追溯的。

（2）基于共识机制的数据共享能够保障数据的准确性。

医疗数据备份在所有节点中，所有节点共享同一个医疗数据账本，通过共识机制实现对医疗数据更新的记录，从而更高效地确保数据的准确性。

（3）通过身份认证、用户授权控制数据访问，实现个人医疗数据的隐私保护。

在医疗数据上链后，区块链可以保存数据每一次的使用和更新记录，因此数据存储机构无法在用户不知情的情况下使用用户的个人医疗数据，从而确保将数据的使用权归还给用户，实现了个人医疗数据的隐私保护。

3. 意义

安全的数字身份认证与隐私保护在如下场景中具有重要的应用意义。

（1）医疗健康数据保护。

医疗健康数据分为两种，一种是医疗中的电子病历、疾病数据，另一种是通过智能设备收集的健康数据。这两种数据都可以存储在区块链上，从而保证数据的不可篡改及授权控制访问，实现隐私保护。

（2）基因组数据保护。

基因组数据对个人疾病预防、遗传病检测和健康状况监测有着很好的指导作用，具有很高的价值。通过区块链管理用户基因数据，可以为基因组数据管理提供便利。用户拥有他们的基因组数据访问权、控制权及分享或出售权。

（3）医疗保险应用与管理。

在医疗保险领域，患者、医疗机构、保险提供商之间组成了三角关系。在每个交互中，都存在效率低下和服务复杂的问题。多层级的保险中介增加了无效成本，落后的信息化系统需要高昂的人力、管理成本。采用防篡改的区块链技术，可使安全性更高，自动化的智能合约可以提高索赔支付和裁决的效率，降低医疗保险的成本。

（4）医务人员身份认证。

在全球范围内，各国都存在合格医疗从业人员短缺的情况。在一般情况下，医务工作者的身份是一个复杂的数据点组合，其包括了医学教育背景、国家认证的医疗人员从业证书等多种信息。

利用区块链技术保存医务人员的数字身份凭证，可以降低医务工作者身份凭证生成和管理的成本，提高身份证明的效率；同时保证身份凭证防篡改、可追溯。区块链采用数字签名技术保证身份凭证的可信性，采用零知识证明技术提供身份证明，同时可以保护医务工作者的身份隐私。

（5）药品防伪。

利用区块链技术可以记录药品的所有物流相关信息、渠道流通情况，并且保证其不被篡改，能够堵住供应链的漏洞，解决长期以来的假药问题。另外，如果货物运输中断或丢失，存储在账本中的数据也为各方提供了快速追踪的方式，并且能够确定谁最后处理了货物。

（6）医疗供应链金融。

医疗供应链金融主要是围绕药品流通环节产生的。对于医疗供应链金融，区块链在应收账款可信交易与管理、交易的全程追溯、跨机构的互通互利方面进行监管。同时，落地场景也可以在设备融资租赁、供应链保理、药品溯源等方面展开。

（7）临床试验数据管理。

在临床试验中，药物研发所需的成本、精力和时间很难估量。这些成本中的大部分是由过度复杂的多机构行政和临床试验管理造成的。利用区块链技术可以对来自多个试验场所、多个试验患者的实验结果数据进行评审及管理，降低多中心试验的试验成本。

（8）手术记录管理。

手术记录非常重要，但是在一些医疗事故中，可能存在手术记录被篡改的现象，在一些民事领域中也时常出现举证定责难的情况。利用区块链技术则可以进行完整的手术记录，其不可篡改的属性可以帮助医疗机构在出现医疗事故后，通过手术记录来认定具体责任人。

4．对象

安全的数字身份认证和隐私保护能够对以下医疗隐私数据进行有效保护。

（1）患者隐私。

患者医疗信息包括患者的基本身份信息和就医信息。基本身份信息包括姓名、身份证号、性别、年龄等，就医信息包括就医时间、就诊信息（科室、主治医生、就诊序列号等）、病例、历史病例、医药信息、医疗费用信息等。其中，病例和历史病例包括病例概要、门诊病例记录、住院病历记录、转诊（院）记录、医疗机构信息等。

利用区块链存储患者医疗信息，采用加密技术，使用具有随机性的账户地址代替姓名和身份证号等与身份直接相关的信息，实现医疗信息与患者身份分离，从而实现用户隐私保护。此外，对于能够通过数据分析推测出患者真实身份的信息集合，可以通过隐藏其中的部分信息实现隐私保护，例如，利用零知识证明技术可以提供年龄段证明，但可隐藏真实年龄信息。对于一些特殊的病例，可以采用密文形式存储，并控制访问权限，从而保护患者隐私。

（2）医者隐私。

利用区块链保存的患者医疗信息应包含主治医生的信息，即将责任明确到具体的医疗机构及医生本人，但不应泄露医生的详细信息，例如，可仅包含主治医生在医疗机构的职工编码，既可以确认医疗机构和主治医生本人，又不会泄露医生的详细信息。

医者的隐私信息，如姓名、性别、年龄、医生资格证等数据，在使用时可采用零知识证明技术生成凭证，从而保护医者隐私。

4.4 军事国防

网络战也称为信息战，是为干扰、破坏敌方网络信息系统，同时保证己方网络信息系统正常运行而采取的一系列网络攻防行动。其成为高技术战争中一种日益重要的作战样式，可以破坏敌方的指挥控制、情报信息和防空等军用网络系统，甚至可以悄无声息地破坏、控制敌方的商务、政务等民用网络系统，不战而屈人之兵。

网络战分为两大类，一类是战略网络战，另一类是战场网络战。

战略网络战又分为平时和战时两种。平时战略网络战是指在双方不发生有火力杀伤破坏的战争的情况下，一方针对另一方的金融网络信息系统、交通网络信息系统、电力网络信息系统等民用网络信息设施及战略级军事网络信息系统，以计算机病毒、逻辑炸弹等手段实施攻击；战时战略网络战则是指在战争状态下，一方对另一方的战略级军用和民用网络信息系统进行攻击。对于这种战略网络战是不是战争或战争的一部分，人们的认知还不一致。俄罗斯认为其就是战争，美国、欧洲的很多学者则认为，这要看网络战的规模与破坏程度，零星的、小规模的、破坏轻的计算机网络攻击不是战争，有组织的、大规模的、破坏严重的网络攻击可以视为战争。而在发生有火力杀伤破坏的战争的大背景下，任何规模的战略网络战都是战争的一部分。

战场网络战旨在攻击、破坏、干扰敌军战场信息网络系统和保护己方信息网络系统，其主要方式：利用敌方接受路径和各种“后门”，将病毒送入目标计算机系统，网络战中“病毒”之类的作战武器在被释放之后，将不受控制，可彻底破坏敌方发动和维持战争的战略资源，打击敌方的战斗精神和意志。网络战的胜利不以大量的牺牲为代价，战争的附带毁伤小。

不论是战略网络战还是战场网络战，在战争真正开始之前，情报战就已经开始了，美国对互联网的控制程度远远超出人们的想象，其具有很大的情报资源优势；一旦网络战暴发，美国政府还可调用强大的的 IT 巨头力量，在信息和资源方面均有比较大的优势。但战争就是战争，占有先手优势并不代表一定会取得胜利。

网络战涉及方方面面的内容，从技术层面来说，基于密码学的信息加密和身份认证是最关键的核心内容。情报之所以称为情报，简单来说就是信息是可读的，而且我们不希望信息被别人截获。如此看来，如果整个信息交换系统建立在基于密码学的点对点协议之上，没有中心机构，那么信息被中间人劫持的概率将大大减小。如果加密系统建立在一种公认的、经得起审查的加密算法之上，并且没有算法实现上的后门，信息被解密的概率也将大大减小。区块链和隐私保护算法的发展为这一想法带来了实现途径，建设基于区块链、零知识证明、安全多方计算等技术的可信数字身份及隐私保护体系，将能够有效地解决数据流通过程中的隐私保护问题，帮助我们在网络战中争取更多信息对等和取得胜利的机会。

网络空间的和平最终需要各国及信息技术的巨头企业秉持“Don’t be evil”的自律精神，致力于用信息技术造福人类社会，而不是将其变为新的威慑或制裁手段。

4.5 安全开发与运维

在传统的大型软件开发团队中，一般会有产品、开发、运维等多个小团队，并且小团队间的界限很明确。在传统模式下，由项目经理或需求分析人员总结需求；产品研发人员根据需求写代码，在自测完成后，将代码打包并在测试环境下运行，在充分测试完成后通知运维工程师（OPS）上线；OPS 进行上线部署，最后完成产品发布。传统模式的优势在于分工清晰，各自只需负责自己的部分；但劣势也很明显，沟通成本与等待成本高，开发工具和运维工具不统一会导致迭代慢，每个环节的交接都有成为瓶颈的风险。为了填补开发端和运维端之间的信息鸿沟，改善团队之间的协作关系，DevOps 应运而生，DevOps 字面上的意思是“开发运维一体化”，在 DevOps 模式下，开发人员和运维人员之间并没有特定的分界线，开发人员需要承担一定的运维工作，而运维（开发）人员则专门维护基础设施和开发 DevOps 平台。DevOps 希望做到的是软件产品交付过程中 IT 工具链的打通，使得各团队减少时间损耗，更加高效地协同工作。如图 4-5-1 所示为 DevOps 生命周期，良好的闭环可以大大增加整体产出。

图 4-5-1 DevOps 生命周期

DevOps 系统的核心是 CI（持续集成）、CD（持续交付/持续部署）。CI 主要是基于自动化测试工具、源码分析、构建工具、容器来实现的，如 Jenkins、Sonar、Docker 等。而 CD 主要是基于容器和容器的编排工具来实现的，如 Docker、Kubernetes、Swarm 等。DevOps 能够加快迭代发布效率，降低发布出错的风险，但同时也面临严峻的安全挑战。

一方面，由于采用了 DevOps，需要用到的机器数量呈爆发式增长，开发人员需要维护他们获取和使用机器身份的方法，这让情况变得很复杂；另一方面，微服务、基于容器的体系结构和 DevOps 实践的引入带来了软件开发的革命。但是，随着公司采用这些新技术、新工具和新方法，特权访问管理变得越来越复杂。安全和运营团队必须管理和审核越来越多的用户和系统账户的权限和凭据。而保护开发环境的传统方法涉及人工干预和限制性控制，这些干预和控制严重限制了开发和运维的灵活性。

CI/CD 的核心是需要密钥才能访问受保护的资源，如数据库、SSH 服务器、HTTP 服务等。这些密钥通常被不安全地硬编码或存储在配置文件或代码中，用于 JenkinsFiles、playbooks、脚本或源代码等。

机器身份访问授权管理系统通过集成原有的自动配置管理工具，提供一个完整包含审计跟踪、机密轮换的密码安全管理平台。删除 CI/CD 过程中 DevOps 工具的硬编码和不受保护的机密，能够增强密钥的安全性，实现 DevSecOps。

通过提高可移植性和速度，容器为 DevOps 和工程团队解决了许多问题。容器需要秘钥才能访问受保护的资源，然而，尤其在动态和短暂的环境中，安全地识别容器以确定其是否被授权访问特定资源是具有挑战性的。机器身份访问授权管理系统集成流行的容器平台，帮助开发人员集中和简化跨公共或私有云环境的容器密钥管理。对于大多数配置管理工具，云提供商和容器编排解决方案都有自己的密钥管理功能。通常使用不同的系统（“安全岛”）单独维护和管理密钥，这使共享密钥并制订统一的安全策略基本不太可能。

总体来说，机器身份访问授权管理系统通过机器身份为机器生成唯一的身份标识（ID）。在自动化流程中，通过策略声明，将权限委托给机器身份，建立统一的密钥管理策略，解决目前 CI/CD 中的密钥安全性问题、容器安全识别问题及不同系统间的“密钥孤岛”问题。另外，通过层管理功能，实现批量管理主机权限，并且在服务动态扩展过程中，在新主机联机时，便捷地为主机分配身份标识并根据预定义的安全策略安全地验证和调用应用程序，从而无须人工手动地将策略应用于每个新主机。其与 DevOps 无缝结合，在加快迭代速度、减少发布出错风险的情况下，解决开发运维中的密钥安全问题、安全策略不统一问题、容器安全性问题、服务动态扩展需要人工操作等问题，并且通过统一的密钥管理策略为 DevOps 从业者提供一套完善的 DevSecOps 实践。

第5章 证明链：KYT隐私保护基础设施

人类社会已全面进入数字化新时代，分布式加密账本、大数据、云计算等技术高速发展并落地，各行各业都在大踏步地进行数字化建设。信息技术带领我们来到一个更广阔、更多维的数字空间，数字空间中数百亿的数字个体正在不断交互，进行各类操作，当今社会正在经历技术变革、组织变革和效率变革。

安全是构建有序、稳定数字空间的重要基础，而数字空间安全最重要的核心是信任与隐私，信任成本的降低和数据隐私的安全将是加速社会进步的重大推动力。

我们相信，建设一个简单的、可信赖的、无国界的、为百亿级数字个体服务的KYT（Know Your Things）隐私安全基础设施将可以在金融、国防、公安、医疗、运输、物联网等诸多领域发挥巨大作用。

证明链以解决数字空间自主数字身份问题为目标，运用身份网络形式语言（LIN）、安全计算、零知识证明等技术，基于分布式加密账本（DEL）构建数字身份网络，成立并运营证明链协会，致力于保护数据主权。证明链技术架构如图5-1-1所示。

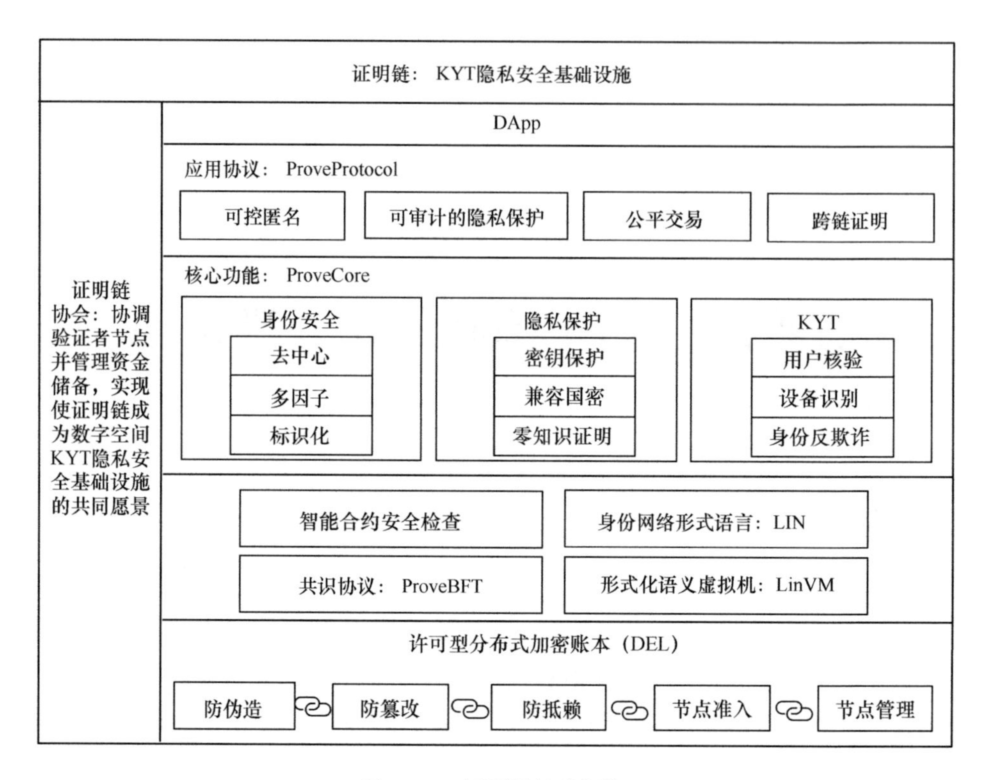

图 5-1-1　证明链技术架构

5.1　身份网络形式语言

证明链采用的智能合约是一种携带形式化证明的智能合约语言——LIN（Language of Identity Network）。

分布式加密账本技术可以保证智能合约能够被精准地执行，但无法保证智能合约本身被正确地实现。任何程序都可能存在缺陷，智能合约也难以避免。智能合约的缺陷可能使智能合约的最终执行结果与编写者或调用者的预期相悖，导致严重的后果。

构建可信的智能合约平台，需要引入形式化验证与形式化逻辑推理。通过形式化逻辑推理可以准确无误地表述合约的语义行为，还能允许智能合约编写者自证合约的安全性。通过形式化验证，智能合约编写者在分布式加密账本平台上发布智能合约时，可以提供一种或多种数学证明来证明智能合约的安全性，以保证合约参与者的权益和资产不受侵害。这些数学证明采用严格数理逻辑语言编写，在保证可读性的前提下确保合约的安全性，使恶意合约没有任何机会破坏经济生态。在传统的程序语言与形式化验证领域，代码形式化验证的成本偏高，往往只能在少数安全攸关的领域中才能得到应用。智能合约的代码规模较小，合约背后所牵涉的数字资产规模却可能非常庞大，非常适合进行形式化验证。

LIN 通过携带证明的代码（Proof-Carrying Code）技术来保证智能合约的可信性，为智能合约附加安全证明。携带证明的代码框架理论最早由 G. Necula 等人提出，经过学界的多年研究，已经取得了长足进步。其基本的核心思想是，采用类型化 Lambda 演算来显式地表达证明，因为证明与代码之间有严格的对应关系，一旦黑客更改代码，其携带的证明就将失效，除非黑客重新证明修改过的代码仍然满足安全策略。显式的证明可以作为充分的理由来说明代码的安全性，并且不再依赖除证明检查器之外的工具。合约代码的证明可以通过工具辅助产生，如逻辑推理引擎、证明策略脚本语言及定理证明器等。LIN 的设计与实现主要包括如下关键内容。

（1）基础逻辑系统。

LIN 建立在一个严格的基础逻辑系统上，证明链选择了定理证明辅助工具 Coq 中的底层逻辑语言——归纳构造演算（Calculus of Inductive Constructions，CIC）。CIC 是一个高阶类型化的 Lambda 演算，根据 Curry-Howard Isomorphism 原理，通过 CIC 系统进行类型检查的语法如下：

$$\text{Term::=}x|\alpha\,|\,AA\,|\,\lambda x.A\,|\,\forall x.A\,|\,\exists x.A\,|\,A\rightarrow A\,|\,\text{Prop}\,|\,\text{Type}$$

CIC 是一个精简但表达能力非常强的逻辑系统。通过支持归纳定义，CIC 可以准确地表述各种语法与语义系统，并且作为一个基础逻辑系统，在 CIC 之上可以构建更加复杂的逻辑系统。流行的定理证明辅助工具 Coq 将 CIC 作为其底层逻辑，证明链将 Coq 作为形式化智能合约语义的主要平台，通过 Coq 内置工具，可直接实现证明检查。Coq 工具也自带证明策略语言与逻辑推理引擎，通过 Coq 的扩展功能可以为智能合约的证明开发半自动化的辅助工具。

（2）具有严格形式化语义的虚拟机。

LIN 采用编译—运行方式，即采用 LIN 编写的智能合约通过一个编译器翻译成字节码，然后字节码在一个轻量级的形式化语义虚拟机（LinVM）上运行。LinVM 在运行时采用轻量级但高效的 GC 算法实现内存的自动化管理，支持字节码模块的动态加载与链接。在证明链中，一个 LinVM 的定义如下：

$$V ::= (C, K, S, pc, P)$$

一个虚拟机 V 被定义为一个五元组，包括智能合约代码 C、运行栈 K、虚拟机状态 S 与代码指针 pc，此外还有一个外部可引用的智能合约模块集合 P。

$$P : \{1 \mapsto S \times S \to Prop\}$$

外部可将智能合约模块引用为一个映射结构，即从一个地址标签到一个状态转移谓词的映射。虚拟机采用操作语义来表达，具体而言，操作语义定义了每个虚拟机状态转移的形式化描述。这里采用如下符号表示：

$$S \mapsto S'$$

LinVM 在运行时的行为通过一个严格的形式化逻辑来定义，其优势是可对编译后的智能合约语义进行精确定义与推理。LinVM 支持动态状态监控指令，可检测当前虚拟机状态是否满足逻辑表达式，避免智能合约程序在执行时越过安全边界而产生不可预期的行为。

（3）携带证明的智能合约。

LinVM 支持携带证明的代码，即一个字节码模块可以携带一个安全证明。此处的安全证明是对字节码模块动态运行期行为的形式化证明。一段典型的携带证明的代码包含两部分：

$$\langle C, Proof : Safe(C) \rangle$$

第一部分是代码 C，第二部分是一段采用 CIC 编码的逻辑证明。在类型理论中，Proof 的类型是一个定理：代码 C 满足安全规范 Safe。智能合约编写者在发布智能合约时，可以提供 Proof 证明，LinVM 在加载模块前，通过一个证明检查器来快速检查证明是否是合法证明。该证明检查器快速高效，既可在智能合约加载前确保智能合约的语义满足预期，也可有效避免恶意代码被注入智能合约。

智能合约的规范可表达如下：

$$\{P\}C\{Q\}$$

其中，P 为前条件，描述了合约代码对虚拟机系统状态、输入交易状态及分布式加密账本全局状态的要求；Q 为后条件，描述了合约代码 C 对状态的修改。P 与 Q 采用规范逻辑语言描述，支持对系统状态的描述谓词，以及一些高级的基于博弈论的属性谓词。

（4）自动化智能合约检查。

在证明链中，LIN 在设计之初就考虑了使用符号执行（Symbolic Execution）的方法对合约语义进行形式化验证。符号执行是一种自动化较好的形式化验证技术，其可以通过分析程序得到使特定代码执行的输入。在使用符号执行分析一个程序时，该程序会将符号值作为输入，而不采用一般执行程序时使用的具体值。在找到目标代码时，分析器可得到相应的路径约束，然后通过约束求解器（SMT Solver）得到可触发目标代码的具体值，通过约束求解的方法检验每一条符号的执行路径上是否存在代码缺陷。

对通用程序而言，指针别名分析与路径爆炸是符号执行的难点。为此 LIN 在设计上避免程序出现内存引用别名，指针类型变量无法进行赋值操作，也不支持指针地址运算；同时，LIN 对循环结构也进行了严格限制，循环变量禁止在循环体内被重新赋值，防止符号执行在循环体展开时造成路径爆炸；对于函数调用，LIN 通过形式化规范语言对函数语义进行抽象，避免函数级的执行路径展开。

采用符号执行的方式进行形式化验证，可以减轻合约编写者构造证明的负担，利用约束求解器可以大大降低证明构造的难度；对于安全级别要求更高的智能合约，采取 Hoare-Loigc 风格的程序逻辑推理能够得到更严谨的证明。

5.2 数字身份认证与访问管理

在数字空间中，业务、监管、法律等问题有效解决的前提是准确识别数字空间中的不同个体，基于不同个体的身份和关系网络构建业务，保护不同个体的隐私，并约束和监督不同个体的网络行为。建设安全可信的数字身份认证与访问管理体系有利于保障数字空间的安全和促进数字经济繁荣发展。

数字身份认证与访问管理需要解决以下八个方面的问题。

（1）保证数字空间中身份的唯一性；

（2）保证数字空间中的身份不可伪造；

（3）保证数字空间中的身份不可篡改；

（4）满足不同场景的差异化需求并提供用户无感知的良好体验；

（5）解决数据泄露和隐私保护问题；

（6）支持多方共治和管理；

（7）满足数字个体的匿名需求；

（8）保护数字个体的数字主权，如所有权、使用权、经营权和被遗忘权。

证明链项目通过身份计算技术构建数字空间“身份网络”。身份网络是一种去中心化网络，利用分布式加密账本、去中心化数字身份、人工智能等技术构建去中心、多因子、跨平台的数字身份认证与访问管理体系，将彻底改变数字空间身份认证与访问管理的方式。身份网络具有以下特点。

（1）唯一性：在身份网络中，每个数字个体都有一个去中心化的 ID 或标识，唯一代表这个数字个体。

（2）不可伪造：在身份网络中，每个数字个体都有一个去中心化的 ID 或标识，该 ID 或标识具有防伪特性。

（3）不可篡改：在身份网络中，每个数字个体都有一个去中心化的 ID 或标识，该 ID 或标识具有不可篡改特性。

（4）多因子：身份网络针对数字个体不同场景下的身份认证需求提供不同

的、动态可调的身份认证方式，通过多因子身份认证满足不同场景下的数字身份认证与访问管理需求。

（5）标识化：身份网络通过分布式加密账本、多因子身份认证等方式验证数字个体身份并将数字个体身份进行标准化和标识化，提供跨平台、安全、无感知的身份认证体验。

（6）隐私保护：身份网络基于证明链分布式加密账本和隐私保护算法，设计并实现了杜绝隐私泄露的数据流通协议，从而保护用户隐私。

（7）共治和管理：由于证明链分布式加密账本和去中心化数字身份的设计与实现，去中心化网络由多方参与并拥有合理的角色设置，使身份网络具有多方共治和透明化管理的特性。

（8）可控匿名：证明链可信数字身份通过去中心、多因子、跨平台的方式服务数字个体的身份认证和权限管理系统，采用密码学原语实现身份及内容的隐私保护，前台可匿名完成相关事务，后台可进行穿透式监管，真正实现可控匿名。以金融业务为例，用户可匿名完成快捷支付等业务，各金融机构可有效实施各类存、贷、汇业务中所需的身份认证，监管机构亦可有效进行反欺诈、AML/ATF 及各类金融监管。

（9）保护用户数据主权：身份网络是一个去中心化网络，用户通过安全存储的私钥保管自身数据并掌握数据主权，对于自身数据，用户拥有所有权、使用权、经营权、被遗忘权等。

5.3　隐私保护

证明链中的隐私保护模块主要针对隐私泄露问题，设计实现了相关隐私保护方案，主要包括五部分：密钥管理系统、身份认证中的隐私保护、数据使用中的隐私保护、兼容国密系列算法、可审计的隐私保护。

（1）密钥管理系统。

证明链密钥管理系统包括密钥的生成、保存、备份和恢复。密钥分为两类，即公私钥和对称密钥。公私钥包括公钥和私钥，公钥可以公开，保存在证明链中，用于数据加密及验证数字签名；私钥必须加密保存，可以用于解密用公钥加密的数据及数字签名。对称密钥用于数据的对称加密，保护用户数据的隐私安全。

A：私钥保护

根据安全级别的不同，私钥的安全存储采用不同的方式。安全级别高的私钥，如证明链账户私钥，其关系到用户数字资产，采用安全性高的硬件加密芯片方式存储，包括密码安全芯片和密码设备等，如冷钱包。安全级别低的私钥，如 DID 的私钥，采用软件实现方式，即本地加密存储。

根据秘密共享算法，将私钥密文分割为 N 个密钥片段，备份在 N 个节点中。当保存在本地的私钥密文丢失或者被破坏时，用户向 N 个节点发送恢复请求，节点将保存的片段加密后发送给用户，用户随机选择 t 个片段密文进行解密，然后根据解密后的 t 个片段恢复私钥密文。

私钥在使用时可采用逻辑密码（口令、密码等）或者生物特征密码（指纹、声纹、人脸等)，降低私钥泄露的风险。私钥在传输时可采用时空码进行加密，降低私钥在传输过程中的泄露风险。

B：对称密钥保护

对称密钥的存储一般采用软件方式，使用公钥加密存储在本地。在使用私钥进行解密得到对称密钥后，才能使用对称密钥进行数据的加解密。对称密钥的传输可以采用公钥加密的方式，降低对称密钥的泄露风险。

（2）身份认证中的隐私保护。

身份信息与个人隐私息息相关，在进行身份认证时需要保证身份信息不被泄露，因此，证明链采用零知识证明技术和 CL 签名技术，确保在保护用户隐私的前提下提供身份证明。

（3）数据使用中的隐私保护。

用户数据包含用户隐私，当用户将数据托管到云平台中时，云服务提供商可能会访问用户数据，甚至可能通过数据分析，泄露用户数据中隐藏的隐私。

证明链采用对称加密实现对用户隐私数据的加密云存储，采用公钥加密技术存储对称密钥，并使用代理重加密技术实现对称密钥分享和数据授权访问，同时保证云服务提供商不能访问数据，从而保护用户的隐私安全。

（4）兼容国密系列算法。

国密系列算法是国家密码管理局认定的国产密码算法，即商用密码。商用密码的应用十分广泛，主要用于对敏感的内部信息、行政事务信息、经济信息等进行加密保护。例如，商用密码可用于企业门禁管理、企业内部各类敏感信息的传输加密和存储加密，防止非法第三方获取信息内容；也可用于各种安全认证、数字签名等。

在证明链的设计与实现过程中，涉及的传统对称加密、非对称加密算法均基于国密系列算法实现，对国密系列算法具有较完整的兼容支持。

（5）可审计的隐私保护。

通常来说，隐私保护和风险审计是“鱼与熊掌”的关系，隐私时代的匿名和信息加密是每个数字个体的诉求，但无法审计则会导致技术风险外溢，出现基于加密技术的欺诈、洗钱等黑色产业链，如比特币被不法分子利用，进行跨境洗钱或不法交易。因此可审计的隐私保护是隐私安全的重要组成部分。

证明链在设计与实现过程中充分考虑数据的安全审计需求，基于审计令牌（一种数据访问授权方式）和数学证明（如 Pedersen 承诺算法、零知识证明），在加密保护上构建了一层可审计协议，实现安全的隐私保护，保障隐私安全。

5.4　KYT

当前，在各行业的业务发展中，尤其在金融零售转型的商业闭环中，了解用户身份、了解业务真实情况、了解访问请求等都是赢取消费者信赖和保障数字资产安全的重要因素，而这都属于 KYT（Know Your Things）的范畴。证明链中的 KYT 具有如下基本功能。

（1）OCR。

OCR（光学字符识别）是指对文本资料的图像文件进行分析识别处理，获取其中的文字信息。通过 OCR 技术，能够快速准确地将图像中的内容转换成文本格式，并能通过淡化底纹自动分析营业执照、身份证、银行账单等文件中各栏位的信息，避免人工输入存在误操作及需要多次查验等问题，能够给用户带来更好的体验且效率大大提升。

（2）基于人脸、声纹的身份识别与活体检测。

利用活体检测技术判断摄像头前的目标是否为本人，可有效防止利用高清照片、三维模拟模型及视频等的欺诈攻击行为。例如，对于刷脸支付，设置多层安全防护，包括人脸识别、身份证验证、密码验证，这甚至比插卡取款的保障更多。“人脸、活体、声纹”三位一体的核查能够确保 KYT 的安全性。

（3）数据交叉认证。

数据交叉认证以基础信息数据、核验要素、地理位置等海量数据和完善风控模型为基础，依靠大数据处理和分析提供安全准确的身份核验服务。另外，证明链还提供融合生物识别技术及软证书的多因子身份认证解决方案，通过“实名+实人+实证”的真实身份核验，在保护公民隐私的同时有效解决了 KYT 问题。

（4）全流程风险监测预警。

基于大数据的风险监测预警系统能够对 KYT 用户进行风险监测，及时限制高风险和异常的账号，及时终止账号的异常行为，完善风险管理机制。

（5）设备指纹。

设备指纹基于网籍库，采用混合式设备探测技术（主动式信息收集+被动式全栈网络信息分析）生成设备 ID。设备 ID 是基于上网设备（PC、手机、服务器等）的软件、硬件、网络、行为等多层次指纹信息，通过算法快速生成的唯一的设备号，也称为“在线设备标识”。证明链中设备指纹的设计与实现，采用有针对性的相似度算法，最大限度地保证设备标识的一致性。同时，设备指纹加入了防篡改、防劫持等黑客防范手段，并根据行为风险特性模型提取风险设备，协助用户尽早发现风险。

证明链设备指纹具有两大特性。一是唯一性，设备指纹是通过特定的规则算法为每台设备生成的唯一的 ID。可以跨浏览器使用，即使通过不同的浏览器访问，也可以唯一定位该设备。利用其唯一性，一方面可以实现准确的识别定位，另一方面可构成隐形的账号体系。二是不可伪造性，设备指纹为每台设备生成的 ID 并不是一个简单生成的随机数，其与设备相关，是通过复杂计算得到的，即使设备中的某些信息被修改，ID 也能保持不变，这使黑客想要通过伪造用户的设备来进行访问变得不可能。

（6）多因子身份认证。

多因子身份认证结合 PKI、数字签名及设备指纹技术，为 KYT 的各类不同场景提供基于风险的多因子身份认证方案，免密、智能且易于管理，可为转账、支付、取现等金融场景及安全访问控制等物联网场景提供有效的身份认证手段。

（7）去中心化。

传统的 KYC 或其他身份核验方案主要是基于中心化设计的，虽然中心化设计能满足基础的功能需求和监管要求，但单一的信息节点使其更容易受到黑客攻击，并且存在违反用户隐私保护条例的风险。而在证明链中，我们将分布式加密账本和去中心化数字身份作为基本架构，数字个体身份信息和隐私信息将不必再存储于中心化数据中心或云空间中，而是由数字个体本地加密存储，只有在获得本人授权的情况下才可访问相关信息，保护用户数据主权不受侵犯；分布式加密账本上存储的是法律要求公开的信息、加密的索引类数据（如用户的属性及行为类数据的哈希值）和一些保障去中心化身份认证安全逻辑的共识性数据（如身份证明的 Schema 和 Definition），分布式加密账本允许这些信息被复制到所有节点中，并永久保存在这个网络中，在数字身份生成的同时就已确保了后续身份认证动作的有效性和安全性，信任成本大大降低。用户可以在不同场景中使用同一个身份标识进行检查，有效提高 KYT 的安全性和效率。

5.5 公平交易

公平交易是指买卖双方在不相识（不互信）的情况下，能够放心交易而无须担心对方作弊。如果交易顺利完成，则买家得到商品，同时卖家得到钱款；若中途任何一方退出或任何一方作弊，系统都会保证另一方的利益不受损。

1．关键问题

在数字经济时代，公平交易的设计与实现具有重要意义，其是确保数据、数字资产交易安全的基础。公平交易需要重点解决如下 5 个关键问题。

关键问题 1：如何证明数据是我的。

关键问题 2：如何保证数据没有中心化泄露风险。

关键问题 3：如何保证数据不被中间人劫持或窃听（数据只正确地传输给了对方，并且加密数据只可以由对方解密）。

关键问题 4：如何保证我传输的数据不被对方随意复制使用。

关键问题 5：对于数据交换或数据交易，如何保证我分享了数据（或付了钱）就一定能获得我想要的数据（或钱）。

这些问题的解决实质上是形成安全的包含数据确权、传输、交易、使用的数据流通闭环。以 Alice 和 Bob 进行数据或数字资产交易为例，在证明链设计与实现的公平交易体系中，Alice 对数据 m 进行同态对称加密，对称密钥为 k，然后将密文发送给 Bob，同态性便于 Bob 对数据 m 进行验证；Alice 对对称密钥 k 同样进行同态对称加密，密钥为 r，密文为 z，并将密文 z 用 PK_Bob 进行加密后发送给 Bob，Bob 解密后得到 z，该过程不泄露 z，同态性便于 Bob 对密钥 k 进行验证。通过证明链智能合约实现交易，即 Alice 提供密钥 r，Bob 提供 Token。在交易完成后，Bob 可以解密 k，进而解密 m；其他人即使得到 r，由于不知道 z，也不可能得到 k，从而保证交易的公平性及数据 m 的机密性。即只有 Bob 支付了 Token 后才能得到数据 m，而其他人无法得到 m。

从参与交易的用户角度，证明链解决了数据公平交易中的 5 个核心问题，具体说明如下。

（1）如何证明 Alice 拥有一组数据。

证明链采用 DID 和数字签名技术实现数据确权，从而证明 Alice 拥有一组数据。

（2）如何保证 Alice 发送的数据是其希望发送的数据。

Alice 的每一组数据都对应一个独立的 DID 及 DID 文档。Alice 进行数据交易的基本单位为 DID 及其对应的一组数据。在交易达成时所发送的数据为 Alice 参与交易的一组数据，即 Alice 希望发送的数据。

（3）如何保证 Alice 发送的数据只被 Bob 接收。

Alice 发送的数据 m 的密文的对应密钥为 k。在交易过程中，密钥 k 同样是加密过的，其密钥为 r，密文为 z。同时，Alice 向 Bob 发送密文 z 时，使用 Bob 的公钥进行加密，保证 z 不泄露，即 z 只有 Bob 知道。在交易完成后，Bob 得到 r，在知道密文 z 的情况下通过解密得到 k，从而可以解密出 m。而其他人不知道密文 z，即使知道了 r，也无法解密出 k，从而保证数据 m 只能被支付了 Token 的 Bob 接收。

（4）如何保证在 Bob 接收到数据后，数据不被二次分享。

对于 Bob 接收到的数据，在分布式加密账本中已保存了相关的信息，包括哈希值及特征提取值。具有相同哈希值或者特征提取值的数据无法被再次上传到证明链分布式加密账本中，不能通过证明链的验证，从而保证了交易后的数据不被二次分享。

（5）如何保证 Bob 接收到的数据就是其想要的数据。

Bob 在接收到数据 m 的密文后，在密文上验证数据 m 是否与分布式加密账本上数据 m 的承诺 M 对应的数据一致；在交易完成后，Bob 得到数据 m 的明文，还需要验证其哈希值是否与分布式加密账本上数据 m 的哈希值一致；还可以将使用后的反馈意见上传到证明链分布式加密账本中。因此，只有高质量的可信数据才能长久地通过证明链参与交易。

2. 设计与实现

以证明链公平交易环节为例，其设计与实现如下。

1）建立安全连接

（1）Bob 生成随机数 nonce 并将其作为 Alice 与 Bob 之间的会话密钥。

（2）Bob 从区块链中查找 DID_Alice 并获得其 DID 文档，其中包含公钥 PK_Alice。

（3）Bob 使用 DID_Alice 的公钥 PK_Alice 加密 DID_Bob 和 nonce，得到密文 cipher。

（4）Bob 使用 DID_Bob 的私钥 SK_Bob 加密 Hash(DID_Bob,nonce)，得到签名 sig。

（5）Bob 向 Alice 发送 cipher 和 sig，作为连接请求的参数。

（6）Alice 解密 cipher 后得到 DID_Bob 和 nonce。

（7）Alice 根据 DID_Bob 在分布式加密账本上查询其 DID 文档，获得其公钥 PK_Bob。

（8）Alice 使用 PK_Bob、DID_Bob、nonce 验证签名 sig 的有效性。若有效，则可以进行安全连接；若无效，则放弃连接或者重新发起连接。

2）数据“试吃”与数据传输

（1）Alice 用 nonce 加密“试吃”数据 m_try，得到 *E*(m_try)。

（2）Alice 向 Bob 发送 *E*(m_try)及 Hash(m_try)。

（3）Bob 在解密 *E*(m_try)后得到 m_try，并验证 Hash(m_try)，证明数据的完整性。

（4）Bob 试用 m_try，进一步确定数据 m 是自己需要的。

3）公平交易

（1）Bob 向 Alice 发送交易请求，参数为 Hash(nonce)。

（2）Alice 生成随机数 k 和 r，并将其作为对称密钥，其中，k 用于加密 m，r 用于加密 k。

（3）Alice 计算 k 和 r 的承诺 $K=kG$ 和 $R=rG$。

（4）Alice 计算 m 和 r 的密文 $E(m)=m+k$，$z=E(k)=k+r$。

（5）Alice 根据 DID_Bob 从分布式加密账本上获得 DID_Bob 的公钥 PK_Bob，然后加密 z，得到密文 $E(z)$。

（6）Alice 将 K、R、$E(m)$、$E(z)$发送给 Bob。

（7）Bob 用私钥 SK_Bob 解密 $E(z)$，得到 $z=k+r$。

（8）Bob 根据 DID_Alice 从分布式加密账本中获得 DID_Alice 的公共参数 G 及数据 m 的承诺 M。

（9）Bob 验证 $E(m)G=M+K$，$zG=K+R$，在验证通过后向 Alice 发送验证成功的消息。其中 $E(m)G=M+K$ 验证数据 m 与承诺 M 的对应数据是否一致，以及 k 是否为密文 $E(m)$的密钥；$zG=K+R$ 验证密钥 k 与承诺 K 对应的密钥是否一致，以及 r 是否为密文 z 的密钥。

（10）Bob 发布证明链智能合约及参数 R。

（11）Alice 在收到 Bob 发送的验证成功的消息后，将 r 发布到证明链分布式加密账本中。

（12）智能合约验证 $R=rG$，在验证成功后执行交易，将 r 发送给 Bob，将 Token 发送给 Alice。

（13）Bob 在收到 r 后，计算 $k=z-r$，$m=E(m)-k$。

5.6　跨链证明

当前，由于加密资产交易在很大程度上受中心化交易平台主导，因此可以说当前的加密货币生态系统远没有实现真正的去中心化。这无疑给以分布式加密账本技术为基础的去中心化金融及自金融生态带来了很大的安全风险和局限性。如何在不依赖中心化平台的情况下，自主可控地进行加密资产交易，使用户无须将自己的加密资产或数字资产暴露于私有钱包的安全范围之外就可以实现交易，是证明链系统跨链技术关注的重点。证明链跨链模块设计并实现了如下关键功能。

1. 原子交换

原子交换是一种支持两种运行在不同分布式加密账本网络上的加密资产进行快速交换的技术，原子交换使用了哈希时间锁定合约（HTLC），即创建自动的自我执行合约，一旦满足了某些预定规则，该合约将执行特定操作，从而完成交易，交易费用非常低，甚至不需要费用。原子交换是由 Tier Nolan 于 2013 年在 BitcoinTalk 论坛上首次提出的。Nolan 通过在不同的分布式加密账本平台之间进行简单的加密货币交易，概述了跨链加密货币交换的基本原则，这种交易也称为原子跨链交易。2017 年 9 月，当莱特币创始人 Charlie Lee 通过推特宣布成功地在莱特币和比特币之间进行原子交换时，原子交换引起了整个加密资产社区的注意。

如上所述，原子交换使用一种被称为哈希时间锁定合约（HTLC）的特定类型的智能合约。这种智能合约可以被认为是一个带有两个特殊保障的“虚拟保险箱”，这两个特殊保障就是哈希锁定和时间锁定。

（1）哈希锁定(Hash Lock)：在交易发起方将用于解锁 HTLC 的密钥 Preimage 发送给另一方之前，确保资金被锁定在合约中。

（2）时间锁定（Time Lock）：一种安全机制，如果交易未在指定的时间内完成，则将参与交易的加密货币退还给交易者。

要开启原子交换，交易发起方（假设是 Alice）需要使用一个由 Preimage（原像）通过哈希算法生成的哈希值，在一个分布式加密账本上创建一个 HTLC，并将需要交换的加密货币（假设是 1 比特币）存入该 HTLC 地址。Alice 通过哈希算法对这个 Preimage 进行哈希运算并生成一个哈希值的过程称为“锁定”。Preimage 就是一个用于创建该哈希值的随机数（如可以将 Preimage 设定为“Alice in wonderland”）。之后，Alice 把生成的哈希值（不是 Preimage）发送给参与交易的另一方（假设是 Bob）。Bob 使用该哈希值验证该 HTLC 地址中是否已经存储了加密货币。在验证通过后，Bob 把自己用于交换的加密货币（假设是 10 以太币）存储在另一个新的 HTLC 地址中，该地址是使用同一个哈希值在另一个分布式加密账本上创建的。

这意味着，只有 Alice 拥有解锁这两个 HTLC 的 Preimage。

此时 Alice 会使用这个 Preimage 来解锁 Bob 创建的 HTLC，并将其中的 10 以太币转移到自己的账户中；在 Alice 解锁 Bob 的 HTLC 的同时，Bob 会收到该 Preimage 并用其解锁 Alice 的 HTLC 中的 1 比特币。

至此，原子交换结束。

而如果在 Alice 和 Bob 都创建好各自的 HTLC 后，Alice 并没在双方事先约定好并写入各自 HTLC 的时间（如 24 小时）内公布 Preimage，那么此次交易无效，这两个 HTLC 中的资金将自动返还给双方。这就是 HTLC 的时间锁定机制的作用。

2. 时间戳证明

不可否认性或不可抵赖性对于构建一个分布式加密账本系统本身的安全基础非常重要，不同的分布式加密账本系统之间更是如此。对跨链场景来说，阻碍信任建立的一个重要因素是，不同分布式加密账本系统之间的数据或数字资产是相互独立的，没有可信基础。分布式加密账本在本质上是去中心化的账本，其中存储的只是不同的数据与信息，去中心化降低了信任摩擦。对跨链来说，如果能有效保证不同分布式加密账本之间的数据可相互信任或安全性可证明，将在不同分布式加密账本系统之间建立低成本的信任联系。对受监管的行业来说更是如此，如金融服务行业、医疗行业和保险行业，这些行业的组织需要证明相互之间不存在串通以回溯或修改数据。

证明链时间戳证明技术将数据与分布式加密账本连接在一起，并针对这些数据的完整性和存在性生成一种时间戳证明。任何拥有这种证明的人都可以对这些数据进行独立自主的验证，无须依赖受信任的权威机构。证明链通过将数据链接到比特币区块链上创建时间戳证明。用户可使用证明链服务将数据锚定到比特币上并对业务流程进行审计跟踪，帮助用户对从业务流程中收集的信息的数据完整性和时间戳建立信心。任何人都可以确定收集数据的时间、顺序，以及其未被篡改的事实，从而帮助数据或加密资产在不同的区块链项目之间进行验证和流通。

3. 时空码

原子交换和时间戳证明都是在跨链的特定场景驱动下进行的设计与实现。证明链的跨链技术重点关注的是在不同的区块链项目之间找到建立低成本数据信任的方式，不论是通过文件的哈希值还是时间戳，在不同的应用场景中，建立信任的方式不完全相同，但都体现为基于多种因子的数据可信度证明。

在证明链中，不仅能够对文件和时间建立安全锁定，通过证明链时空码技术，还可以对设备、地理位置等因子进行有效锁定，进一步降低链间信任的建立成本，并可灵活应用于更多的跨链场景，提供基于多因子的跨链信息可信证明服务。

早在2013年，证明链团队就申请了“一种云密码系统及其运行方法”（专利号：201310083174.4）和“一种短动码的实现方法及其应用”（专利号：201310391105.X）发明专利，并分别于2015年1月和2015年5月获得专利授权。这些发明专利也是时空码的技术原型，目前搭载时空码的产品已在金融、物流、医疗健康等领域发挥了重要的作用。

5.7 许可链

随着分布式加密账本的发展，分布式加密账本的种类越来越多。

按照服务对象划分，常见的分布式加密账本有公有链、联盟链、私有链。

（1）公有链：为公众提供服务的分布式加密账本。

（2）联盟链：为联盟内成员提供服务的分布式加密账本。

（3）私有链：为个人或组织内的成员提供服务的分布式加密账本。

按照是否需要许可划分，常见的分布式加密账本有许可链、无须许可链。

（1）许可链：网络参与者需要获得许可才能加入和退出。

（2）无须许可链：网络参与者可以自由地加入和退出。

完全的去中心化公有链是无须许可链，任何人都可以用匿名的身份做一些事情。但是完全匿名不是数字空间身份认证和隐私保护的诉求，其诉求是可控匿名和隐私保护。所以结合目前分布式加密账本技术的发展情况和应用场景，使用开放式许可链模型进行数字身份认证和隐私保护系统的设计符合目前实际场景的使用和管理需求。

在证明链分布式加密账本中，由验证者节点维护网络运行。证明链分布式加密账本的发展由证明链协会的创始人监督，每位创始人负责运行一个验证者节点，后续验证者节点的加入须通过证明链协会的选举和决策（详见 5.9 节）。随着网络不断扩大及自我持续能力得到提高，证明链分布式加密账本将逐步过渡到非许可运作模式。

5.8　共识算法

本节主要介绍 BFT（拜占庭容错）共识，这是针对证明链分布式加密账本设计的一个健壮而高效的状态机复制系统。证明链 BFT 基于一种被称为 HotStuff 的协议，这个协议利用了数十年来 BFT 的发展成果，实现了互联网所需的强大的可扩展性和安全性。证明链 BFT 进一步完善了 HotStuff 协议，引入了明确的活跃度机制，并提供了具体的延迟分析。

1. 概述

共识协议允许一组验证器创建单数据库的逻辑模型。共识协议在验证器之间复制提交的交易，在当前的数据库基础上执行待加入的交易，以及就交易排序和执行结果达成一致。因此，所有的验证器都可以在状态机复制规范之下，根据给定的版本号维护相同的数据库。

即使存在拜占庭故障，也必须在验证者之间达成数据库状态的一致，拜占庭故障模型允许一些验证器在没有约束的情况下随意偏离协议，不过依然会有计算限制（假设密码学是无法破解的）。拜占庭故障最坏的情况是，其中的验证者串通并且试图恶意破坏系统一致性。BFT 共识协议则能容忍由恶意的验证器或被黑客控制的验证器引起的问题，缓解相关的硬件和软件故障。

证明链 BFT 前提是，假设一组 $3f+1$ 的投票分布在一组验证器中，这些验证器可能是诚实的，也可能是拜占庭式（恶意）的。如果由恶意的验证器控制的投票不超过 f 票（至少有 $2f+1$ 票是诚实的），则证明链 BFT 仍然是安全的，能够阻止双花和分叉等攻击。只要存在全局稳定时间（GST），证明链 BFT 就会保持在线，客户端可提交交易，所有消息都会在最大网络延迟内，在诚实的验证器之间传递。除了传统的保障，证明链 BFT 在验证器崩溃和重启时仍然能够保持安全（即使所有验证器同时重启）。

在证明链 BFT 中，验证器接收来自客户机的交易，并通过共享的内存池协议彼此共享，然后证明链 BFT 协议按回合轮次进行。在每个回合中，一个验证者扮演领导者的角色，提案一个交易区块以扩展经过认证（可参考下面介绍的法定证明人数投票）的区块序列，这个区块序列包含完整的交易历史。验证器接收该区块并检查其投票规则，以确定是否对其进行投票认证。这些简单的规则确保了证明链 BFT 的安全性，并且它们的实现可以被清晰地分离和审计。如果验证器打算为该区块投票，它会以推测方式执行区块的交易，而不会产生外部影响。如果数据库验证器的计算结果和区块的执行结果一致，验证器会把对区块的签名投票和数据库验证者发送给领导者。领导者收集这些投票并生成一个投票人数超过法定证明人数（$2f+1$）的法定人数证明，然后将证明广播给所有验证者。

当连续 3 次在链上提交的提议满足规则，区块会得到确认，即如果这个区块（假设为 k 回合的区块）具有法定人数证明，并且在其后 2 个（$k+1$ 和 $k+2$）回合也具有法定人数证明，则第 k 轮的区块得到确认。证明链 BFT 保证所有诚实的验证器最终都会提交区块（并且延长之前链接的区块序列）。一旦区块被提交确认，执行交易后的结果状态就会被永久存储，并形成一个复制数据库。

2. HotStuff 优点

我们从性能、可靠性、安全性、健壮性、实现的简易性及验证器操作开销几个维度评估了几种基于 BFT 的协议。目标是选择初期至少支持 100 个验证器的协议，并且其能够随着时间的推移演进为可支持 500～1000 个验证器。将 HotStuff

协议作为证明链 BFT 的基础有三点原因：简单和模块化、方便将共识与执行集成、在早期实验中表现良好。

HotStuff 协议可分解为安全模块（投票和提交规则）和存活模块（“复活起搏器”）。这种解耦提供了开发和实验两套可独立并行运行的环境。由于投票和提交规则简单，因此协议安全性易于实现和验证。将执行作为共识的一部分进行集成也是很自然的，这可以避免基于领导者的协议中的非确定性执行产生分叉的问题。另外，我们的早期原型也确认了 HotStuff 满足高吞吐量和低交易延迟（独立的检测）需求，我们没有考虑基于工作量证明的协议，因为它们性能低且能耗成本高。

3. HotStuff 扩展和修改

在证明链 BFT 中，为了更好地支持证明链生态系统的目标，我们以多种方式扩展和调整了核心 HotStuff 协议和实现。重要的是，我们重新定义了安全条件，并提供了安全性、存活度和响应度更高的扩展证明，还实现了一些附加功能。

（1）通过让验证器对区块的结果状态（而不仅仅是交易序列）进行集体签名，使协议更能抵抗非确定性错误，同时允许客户端使用法定人数证明来验证读取的数据库。

（2）设计了一个能够发出明确超时提醒的起搏器，验证器依靠法定人数进入下一轮，不需要同步时钟。

（3）设计了一种循环随机的提议者选举机制。在每轮共识之前，验证器将默认以循环随机方式选择其中的一个验证者并将其作为领导者。“循环”指所有的验证者轮流作为提议者，所有的验证者都能被选择做一次提议者。循环随机方式指在一次循环中，最新提交的区块的提议者使用可验证随机函数 VRF 从没有被选择过的验证者中随机选择一个，被选择的验证者则为下一轮的提议者，直到所有的验证者都被选择过。这种循环随机方式能够保证每个验证者都能够被选择为提议者并且机会相等，同时能在一定程度上保证提议者选举的不可预测性，从而限制了攻击者对领导者发起的有效拒绝服务攻击的时间窗口。

（4）使用聚合签名来保留签署仲裁证书的验证者的身份，从而能够为验证者提供激励，聚合签名也不需要复杂的密钥阈值设置。

（5）所有共识消息都由其创建者签名，并由其接收者验证。消息验证发生在离网络层最近的地方，从而避免无效或不必要的数据进入协商一致协议。

5.9 证明链协会

证明链协会（简称“协会”）是一个独立的非营利组织，协会成员由证明链网络的验证者节点组成。起初，这些节点是全球公司、具社会影响力的合作伙伴及学术机构，即证明链协会的创始成员。最终，协会将包括运行验证者节点并持有足够证明链权益的任何实体。协会的职责是协调验证者节点之间的工作，以发展和保护网络安全，并推动其实现安全的数字身份认证和隐私保护的共同愿景。协会协调和治理的两个主要领域：技术——围绕网络技术路线图，推动验证者节点和开源社群之间的协调一致；财务——管理储备和进行社会影响力投资。

在证明链网络发展的最初几年，协会需要额外承担下列工作：招募担当验证者节点的创始成员，以及制订和实施激励计划，包括向创始成员发放激励奖金。随着证明链网络逐渐发展，任何人都可以申请成为此非许可链的验证者节点。证明链协会的治理机构是证明链协会理事会（简称“理事会”），由协会各成员的代表组成。在进行表决时，需要的投票门槛各不相同，具体取决于决策的重要程度。

1. 目标与原则

1）协会的运营目标

（1）协会致力于向非许可型治理和共识节点运营转变，降低参与的准入门槛，并降低对创始成员的依赖。

（2）通过完全自动化的储备管理，最大限度地减少协会储备管理人的数量。

（3）在经过一段时间后，协会履行协调开源社群这一主要职责，以形成证明链网络的技术路线图。

2）协会的治理原则

使命：建立一个简单的、可信赖的、无国界的、为百亿级数字个体服务的 KYT

与隐私安全基础设施。

决策：在理事会中拥有代表席位的验证者节点拥有最终权力。理事会将大部分执行权授予协会的管理层，但保留撤销授权决定及自行做出关键决策的权力，其中重要的决策需要三分之二以上投票通过。

按比例分配权力：理事会成员的投票权与其持有的权益（最初是每位创始成员提供的资金，未来将是证明链）比例成正比，体现成员（验证者节点）对网络的贡献程度。不过，为了避免权力集中，所有创始成员的投票权均有上限。

开放与合作：决策由成员（验证者节点）合作确定，并对更广泛的社群保持透明。

高效：协会力求尽可能简化决策确定过程，并尽可能由其成员执行决策。

开源：证明链分布式加密账本背后的技术代码和规范是开源的，并由开源开发者和研究社群进行改善。协会资助并促进该领域的研发工作，确保持续更新证明链分布式加密账本，从而更好地服务成员。

3）储备管理

证明链储备由协会管理，目标是保值。随着法定货币进入经济市场，储备（一篮子货币和其他资产）随之增长，协会要相应地制造证明链。当协会作为“最后购买者”，以证明链换取储备中的其他资产时，协会可以销毁证明链。

证明链协会的这些活动受储备管理政策的约束，该政策只能在多数协会成员同意的情况下进行更改。

2. 证明链协会理事会

1）成员

若要成为理事会成员，实体必须在推动网络成功的同时获得经济权益。理事会最初的成员是创始成员，他们也是网络最初的验证者节点，理事会须阻止相关实体以两个不同创始成员的身份进行投资。

随着证明链生态系统的发展，理事会成员逐渐转变，以反映由验证者节点保管或委托给验证者节点的相对证明链份额。一旦网络取得特定的发展里程碑，如理事会采纳某项使网络成为非许可链网络的技术计划，理事会将添加新的成员，并由他们代表保管证明链和运行验证者节点的各方。转变的速度及技术和网络发展里程碑由理事会确定。在网络建立 5 周年之际，至少 20%的理事会投票权要分配给节点运营者，具体比例取决于他们持有的证明链数量。

单个创始成员只能代表理事会中的 1 票或总票数的 1%（以较大者为准）。此上限不适用于非创始成员（仅通过保管证明链加入网络的验证者节点）。设置此上限的目的是防止投票权集中掌握在一方手中。

证明链协议至少会在几年内限制活跃验证者节点的数量（从而限制理事会成员的数量）。理事会须根据测试结果确定对活跃节点数量的限制并及时更新此限制。如果成员数量超出此限制，则将分得最少投票权的理事会成员移出理事会，直至成员数量低于限制。如果有多名成员持有相同的最少投票权，则可通过移除其中入会时间最短的成员来打破僵局。

为了防止网络中的不活跃验证者节点数量增长到可能危及共识协议有效性的水平，如果任何成员节点连续 10 天未参与共识算法，那么他们就可能被证明链协议自动移出理事会，但它们可以在节点运行后重新加入。在理事会中拥有代表席位的一方可以将其投票权授予另一方。理事会成员应指派一名特定人员来代表自己。成员可以随时更换代表。

2）权限

理事会具有以下角色和权限。

（1）选举和撤除证明链协会董事会成员。

（2）任命和罢免协会的常务董事，以及设定其薪酬。

（3）每年批准协会的预算。

（4）授权协会的各部门履行各自的职责，如允许制造证明链或向符合条件的创始成员发放激励奖金。

（5）代表协会发布建议，允许证明链客户更改证明链分布式加密账本的规则。如此一来，理事会可以提议对证明链协议进行重大更改，或解决由验证者节点受损导致的证明链分布式加密账本存在许多已签名版本的问题。

（6）激活证明链协议中部署给验证者节点的功能，通过理事会投票来触发实现该功能的智能合约。

（7）与证明链协议的开发者合作升级或更换协议，特别是通过合作来达到向非许可型节点运营转变的要求。

（8）撤除创始成员：对于不符合创始成员资格标准的创始成员，可以通过理事会的绝对多数投票予以撤除。在证明链分布式加密账本中，记录此投票即可从共识算法中移除该成员节点。撤除创始成员会导致代表该创始成员的理事会成员被立即移出理事会。

（9）代表证明链协会董事会否决或做出决策。

（10）对证明链协会指导原则进行修改（须绝对多数投票通过），这些原则包括协会管理和角色分配、创始成员资格标准、激励分配政策、储备管理政策。

（11）理事会可以设立由部分成员组成的委员会，并向他们分配/授予任何权限，但需要绝对多数投票通过的决策权限除外。

3）会议

理事会每年举行两次例会，具体时间由证明链协会董事会至少提前 25 个工作日确定。证明链协会董事会或 10%的理事会成员可以在至少提前 5 个工作日的情况下，召集理事会特别会议或召集紧急会议/投票以解决紧急情况（如网络受到攻击）。理事会可以取消或重新安排已经计划好的会议。理事会会议按照会议通知中确定的时间和地点举行，成员可通过视频的方式参加会议。

4）投票

上述某些决策需要获得绝对多数的理事会票数，即至少有三分之二的理事会成员支持该决策。其他决策至少需要获得一半的理事会票数。

在技术可行的范围内，证明链协议可使理事会的投票能够直接执行分布式加密账本上的操作（如增加新的创始成员）。但是，关于“现实”决策的投票（如常务董事的薪酬）可以记录在证明链分布式加密账本上，也可以记录在相关的理事会会议记录中，具体方式由理事会选择。

3. 证明链协会董事会

证明链协会董事会（简称“董事会”）是证明链协会理事会的监督机构，为协会执行团队提供运营指导。董事会成员不少于 5 名，不多于 19 名，具体数量由理事会确定，随着时间推移，该数量可能会发生变化。

董事会成员的首次选举在理事会的第一次会议上进行。董事会成员的任期为一年，可以无限期连任。

如果董事会成员不再是理事会成员，那么其董事会成员的身份将自动终止。在任何时候，理事会都可以在获得半数投票的情况下撤除董事会成员。

董事会的决策需要获得至少一半的董事会票数。

董事会的职责由理事会确定。理事会可以向董事会分配/授予其拥有的任何权限，但需要绝对多数投票通过的决策权限除外。

董事会的基本职责：

（1）在理事会审批之前，预先审批协会的预算；

（2）接收协会执行团队关于证明链生态系统状态和进展的季度更新报告，并确定需要讨论的主题和提供的信息；

（3）协会常务董事待处理的决策若引起董事会注意，董事会可代为处理；

（4）确定理事会会议议程；

（5）召集理事会紧急投票；

（6）批准证明链社会影响力咨询委员会的资助/筹资建议；

（7）批准由创始成员授权的、有资格成为节点的、具社会影响力的合作伙伴加入网络。

4. 证明链社会影响力咨询委员会

证明链社会影响力咨询委员会（简称“咨询委员会”）是代表证明链协会理事会的咨询机构，由具有社会影响力的合作伙伴领导。

咨询委员会由多名成员组成。理事会可以更改咨询委员会成员的数量。咨询委员会成员包括证明链协会的常务董事及非营利组织、多边组织和学术机构代表，由理事会选举产生。

咨询委员会成员的首次选举在理事会的第一次会议上进行。咨询委员会成员的任期为一年，可以无限期连任。在任何时候，理事会都可以在获得半数投票的情况下撤除咨询委员会成员。

咨询委员会的工作职责：

（1）根据协会的使命制订长期战略规划；

（2）针对资助资金和社会影响力投资的分配，提出建议并完善相关标准；

（3）建立和实施资助申请流程，包括筛选资助对象（通过同行审核进行筛选，以便咨询委员会旗下的机构仍然能够获得资助，但须遵守利益冲突规则）；

（4）衡量和报告社会影响力，制订新的社会影响力举措，在整个证明链生态系统内实践从资助对象处获得的知识经验，并作为召集方，邀请其他合适的机构加入协会；

（5）将商定的资助/筹资建议提交给董事会审批；

（6）向董事会推荐更多合适的机构或组织。

5. 协会执行团队

协会执行团队负责证明链网络的日常运作，执行团队由常务董事领导并由其招募成员。职责包括促进证明链网络的发展、使证明链储备投入运作、将资金回馈给创始成员（采取激励措施来奖励促进证明链网络使用增长的成员）。

1）常务董事

常务董事每三年由理事会选举一次，或在履行这一职责的人员离职或被免职后即刻选举。常务董事是协会的全职员工，也是董事会成员。任何理事会成员都可以推荐候选人。常务董事可以无限期连任，其选举在理事会的第一次会议上进行。

常务董事及其执行团队的职责源于理事会的权力，并由理事会授予。初步职责包括以下几点。

（1）证明链网络管理。

确定管理证明链协议规范源代码控制库的流程，包括审核和接受协议变更的流程。

确定管理证明链协议中证明链 Core 软件实现方案的流程，包括审核和接受实现方案变更的流程。

发布和分发证明链 Core 软件，并根据需要为节点提供证明链 Core 软件安装和维护支持。

协调安全审核并对产品进行严格的安全测试。

与开发团队合作，促进证明链协议和证明链 Core 软件的发展并为其募捐，并且在必要时为其提供资金。

向节点提议/建议升级其运行的软件，并协调安排升级活动。

探索非许可型分布式加密账本技术，并向董事会和理事会推荐向此类技术转变的路线。

确定潜在成员是否符合创始成员资格标准，建议理事会撤除不符合标准的创始成员，并向理事会提出标准的变更建议。

（2）证明链储备管理。

执行储备管理政策，包括监督证明链的制造和销毁过程；确定储备中的资产价值是否符合政策标准；根据政策规定，将储备资产投资于低风险资产，同时保持高流动性；根据政策规定，允许第三方流动性提供商以证明链换取储备资产；如有需要，按照批准的预算来分配储备产生的利息，用于资助协会活动，并按照激励奖金分配政策和理事会决议，将其他所有此类资金分配给节点；持续监控证明链生态系统，并向董事会和理事会提交报告；在需要变更储备管理政策的极端情况下，向理事会提出相关的变更建议。

（3）筹资和招募创始成员。

联系并招募符合条件的各方，并使其作为创始成员加入证明链网络。

（4）激励管理。

结合协会的储备，使用募集到的资金购买证明链。

根据激励分配政策，监督以证明链的形式向符合条件的创始成员做出的激励分配，并根据需要审核创始成员记录。

根据批准的预算分配资金，支持协会的活动。

向董事会提供有关激励的月度报告。

向董事会和理事会提出关于激励分配政策的变更建议。

（5）预算和行政。

理事会成员会议流程与技术的设置和维护。

向董事会和理事会提出协会预算及相关路线图和招聘计划方面的建议。

2）执行团队

常务董事负责招募团队成员，以履行协会的职责，团队成员可包括：

（1）副常务董事/首席运营官：在常务董事缺席时担任替补；

（2）人力资源和行政团队；

（3）首席财务官：负责财务和货币兑换团队、成员关系团队；

（4）产品主管：负责软件和证明链网络管理团队、开发者社群管理团队；

（5）业务发展部主管：负责业务发展团队、创始成员关系团队；

（6）主管经济师：负责经济团队；

（7）政策主管：负责宣传和沟通团队；

（8）合规与财务情报主管；

（9）总法律顾问：负责法律团队。

协会成员须尽最大努力调动资源以支持执行团队履行职责，尽可能保证执行团队的精益高效。

参考文献

[1] 汪德嘉，等. 身份危机[M]. 北京：电子工业出版社，2017.

[2] Decentralized Identifiers (DIDs) v0.13 [EB/OL]. https://w3c-ccg.github.io/did-spec/.

[3] DID Method Registry [EB/OL]. https://w3c-ccg.github.io/did-method-registry/.

[4] Verifiable Credentials Data Model 1.0[EB/OL]. https://www.w3.org/TR/vc-data-model/#ecosystem-overview.

[5] The Sidetree : Scalable DPKI for Decentralized Identity [EB/OL]. https://medium.com/decentralized-identity/the-sidetree-scalable-dpki-for-decentralized-identity-1a9105dfbb58.

[6] 曹天杰，张永平，汪楚娇．安全协议[M]. 北京：北京邮电大学出版社，2009.

[7] zkSNARKs in a Nutshell[EB/OL]. https://chriseth.github.io/notes/articles/zksnarks/zksnarks.pdf.

[8] UMBRAL: A Threshold Proxy Re-Encryption Scheme[EB/OL]. https://github.com/nucypher/umbral-doc/blob/master/umbral-doc.pdf.

[9] Rivest R L, Adleman L, Dertouzos M L. On data banks and privacy homomorphisms[J]. Foundations of Secure Computation, 1978:169-179.

[10] Plantard T, Susilo W, Zhang Z. Fully Homomorphic Encryption Using Hidden Ideal Lattice[J]. IEEE Transactions on Information Forensics and Security, 2013, 8(12):2127-2137.

[11] Yao A C. Protocols for secure computation[C]//Foundations of Computer Science, SFCS '08. 23rd Annual Symposium on. IEEE, 1982.

[12] 中国信息通信研究院云计算与大数据研究所. 数据流通关键技术白皮书 V1.0[R/OL]. 2018.

[13] Bergan T, Anderson O, Devietti J, et al. CryptoNote v 2.0 [J]. Trend Micro, 2013, 45:1-16.

[14] Bitcoin: A Peer-to-Peer Electronic Cash System[EB/OL]. http://satoshinakamoto.me/zh-cn/bitcoin.pdf.

[15] Ketterer, Juan Antonio, Gabriela Andrade. Digital Central Bank Money and the Unbundling of the Banking Function[J]. Inter-American Development Bank, 2016.

[16] 央行：争取早日推出数字货币[EB/OL]. http://news.xinhuanet.com/fortune/2016-01/20/c_1117841010.html.

[17] 张莫，张灿宇. 央行酝酿破题数字货币[J]. 企业界, 2017(03):52-53.

[18] 中国人民银行数字货币研究所[EB/OL]. https://baike.wdzj.com/doc-view-4876.html.

[19] 姚前. 推进法定数字货币研发，助力数字经济发展[N]. 21 世纪经济报道,2017-11-08(004).

[20] George Danezis, Sarah Meiklejohn. Centrally banked cryptocurrencies[J]. Cryptography and Security, 2016, 2:1505.

[21] Garratt R. CAD-coin versus Fedcoin[R]. R3 Report, 2016, 15.

[22] Valencia F. Sistema de Dinero Electronico, un medio de pago al alcance de todos[J]. Boletín, 2015, 60 (04):255-269.

[23] Kakushadze Z, Liew J K S. CryptoRuble: From Russia with Love[J]. SSRN Electronic Journal, 2017.

[24] Decker, Christian, Roger Wattenhofer. Bitcoin transaction malleability and MtGox[J]. European Symposium on Research in Computer Security, 2014.

[25] 新华网. 数字货币交易所遭黑客攻击比特币价格跌25%[EB/OL]. http://news. xinhuanet.com/fortune/2016-08/04/c_129204181.html.

[26] 范一飞. 中国法定数字货币的理论依据和架构选择[J]. 中国金融, 2016(12).

[27] 姚前. 中国法定数字货币原型构想[J]. 中国金融, 2016(17).

[28] 俄罗斯央行遭黑客攻击，被盗走 20 亿卢布[J/OL]. http://news.qq.com/a/20161204/ 004692.html.

[29] Heartbleed Bug[EB/OL]. http://heartbleed.com/.

[30] Sasson, Eli Ben, et al. Zerocash: Decentralized anonymous payments from bitcoin[J]. Security and Privacy, 2014 IEEE Symposium on. IEEE, 2014.

[31] Barreto P, Lynn B , Scott M. Efficient Implementation of Pairing-Based Cryptosystems[J]. Journal of Cryptology, 2004, 17(04):321-334.

[32] Goodrich Michael, Mitzenmacher Michael. Invertible bloom lookup tables[C]//Communication, Control, and Computing (Allerton), 2011 49th Annual Allerton Conference on. IEEE, 2011.

[33] Vacca, John R. Public key infrastructure: building trusted applications and Web services[J]. CRC Press, 2004.

[34] Shamir A. Identity-based cryptosystems and signature schemes[J]. LNCS, 1985, 196:47-53.

[35] 江苏通付盾科技有限公司. 基于区块链的 CA 认证管理方法、装置及系统[P]. CN: CN106301792A, 2017.01.04.

[36] Tuecke S, Welch V, Engert D, et al. Internet X. 509 public key infrastructure (PKI) proxy certificate profile[R]. 2004.

[37] Ellison C, Schneier B. Ten risks of PKI: What you're not being told about public key infrastructure[J]. Comput Secur J, 2000, 16(01):1-7.

[38] Loomans R. PKCS #10: Certification Request Syntax Specification Version 1.7[M]. RFC Editor, 2000.

[39] SM2 椭圆曲线公钥密码算法[EB/OL]. https://github.com/GmSSL/documents/blob/master/

standards/sm2.pdf.

[40] Xu P, Cui G H, Fu C, et al. A more efficient accountable authority IBE scheme under the DL auusmption[J]. Sci China Inf Sci, 2010, 53:581-592.

[41] Paterson K G , Schuldt J C N. Efficient identity-based signature secure in the standard model[J]. Lecture note in computer science, 2006, 4058:207-222.

[42] Al-Riyami S S, Paterson K G. Certificateless public key cryptography[J]. LNCS, 2003, 2894:452-473.

[43] Yuen T H, Susilo W, Mu Y. How to construct identity-based signature without the key escrow problem[J]. International journal of information Security, 2010, 9(04):297-311.

[44] Boneh D, Franklin M, Identity based encryption from the weil pairing[J]. Lecture notes in science, 2000, 2012:275-287.

[45] Hess F. Efficient identity based signature schemes based on pairings[J]. Lecture notes in computer science, 2002, 2595:310-324.

[46] Ben-Sasson, Eli, et al. Succinct Non-Interactive Zero Knowledge for a von Neumann Architecture[J]. USENIX Security Symposium, 2014.

[47] Sasson, Eli Ben, Alessandro Chiesa, et al. Zerocash: Decentralized anonymous payments from bitcoin[J]. In Security and Privacy (SP), 2014 IEEE Symposium, 2014:459-474.

[48] Parno, Bryan, et al. Pinocchio: Nearly practical verifiable computation[J]. Security and Privacy (SP), 2013 IEEE Symposium on. IEEE, 2013.

[49] Gennaro, Rosario, et al. Quadratic span programs and succinct NIZKs without PCPs[C]//Annual International Conference on the Theory and Applications of Cryptographic Techniques. Springer, Berlin, Heidelberg, 2013.

[50] Noether S, Mackenzie A. Ring confidential transactions[J]. Ledger, 2016, 1:1-18.

[51] Kumar, Amrit, et al. A Traceability Analysis of Monero's Blockchain[J]. IACR Cryptology ePrint Archive 2017, 2017:338.

[52] What is Jubjub?[EB/OL]. https://z.cash/technology/jubjub.html.